Rafael Ortiz Vega
Eva Arzola de Calero
Plácido Gómez Ramírez
(editores)

CIENCIAS FÍSICAS
Lecturas clásicas selectas I:

El Movimiento

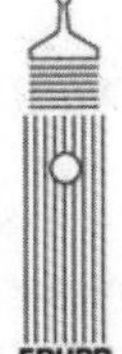

LA EDITORIAL DE LA
UNIVERSIDAD DE PUERTO RICO

Primera edición, 2004
©2004, Universidad de Puerto Rico
Todos los derechos reservados

Catalogación de la Biblioteca del Congreso
Library of Congress Cataloging-in-Publication Data
ISBN 0-8477-0600-1

Edición a cargo de: Armindo Núñez Miranda
Diagramación: Marcos Pastrana Fuentes
Diseño de portada: Ricardo Alcaraz Díaz

Impreso en Colombia por Quebecor World Bogotá S.A
Printed in Colombia

EDITORIAL DE LA UNIVERSIDAD DE PUERTO RICO
PO Box 23322
San Juan, Puerto Rico 00931-3322
Administración: Tel. (787) 250-0000 Fax (787) 753-9116
Dpto. de Ventas: Tel. (787) 758-8345 Fax (787) 751-8785

TABLA DE CONTENIDO

PREFACIO

Hace más de un lustro que el Departamento de Ciencias Físicas de la Facultad de Estudios Generales (Recinto de Río Piedras de la Universidad de Puerto Rico) acogió con mucho entusiasmo la idea de revisar el texto *Selección de Lecturas de Ciencias Físicas* publicado edición tras edición por la Editorial de la Universidad de Puerto Rico durante varias décadas. La presente es fruto del arduo trabajo que generó aquella idea del Departamento. Evidentemente este nuevo libro es una versión revisada y ampliada del texto originalmente publicado en el 1958.

En el prefacio de la versión publicada en aquel año, el profesor K. Max Manfred hacía alusión al método de enseñanza que se utizaba en la mayoría de los cursos de Ciencias Físicas: "Como resultado de este método de enseñanza, en que las leyes y las teorías se presentan como axiomas, el conocimiento científico sobre la naturaleza se transforma, para los estudiantes que toman estos cursos, en hechos incontrovertibles. Aun en el caso en que se le asegure que el conocimiento científico carece de certidumbre absoluta, el estudiante no está en posición de seguir esa advertencia al examinar críticamente las teorías y las leyes que ha aprendido. En otras palabras, no le es posible determinar el carácter o grado de validez de las conclusiones de la ciencia". En los años que han seguido a esas palabras ha habido mucha discusión y abundantes estudios formales acerca de cuál debe ser el método más apropiado para lograr que los estudiantes construyan conocimiento significativo.

Tales estudios nos llevan a la conclusión de que no tiene sentido insistir en el aprendizaje memorístico de conceptos y principios de la ciencia, por cuanto los mismos serán retenidos durante muy poco tiempo por los estudiantes. Además, como decía el profesor Manfred no es nada deseable que los estudiantes construyan una imagen errónea de la ciencia como dogma. Es mucho más significativo insistir en la visión de la ciencia como un poderoso estilo de pensamiento y tratar de que ellos se perciban a sí mismos como entes epistémicos, es decir, capaces de generar conocimiento.

Como consecuencia, seguimos entendiendo que la lectura guiada de los clásicos es una estrategia acertada para promover aprendizaje significativo y pensamiento reflexivo y crítico. En ese enfoque el énfasis no está en la memorización de conceptos y principios sino en los procesos que se utilizan en la ciencia para construir conocimiento. Si aprehenden tales procesos y logran un conjunto mínimo de destrezas en la aplicación de los mismos, estarán en condiciones de exhibir la capacidad de pensar científicamente. Si tenemos algún éxito en esa empresa, pondremos a los estudiantes en mejores condiciones para aprender y aplicar conceptos y principios.

El texto comienza con una lectura acerca del conocimiento científico producida por la profesora Mydiah M. de Mariani, la cual busca desarrollar una base que permita trabajar el componente epistemológico de nuestros cursos medulares. Tal componente es un eje transversal que atraviesa a lo largo del desarrollo de estos cursos.

A esta primera edición de las *Lecturas Clásicas Selectas de Ciencias Físicas* le acompaña una *Guía de Estudio*, la cual facilitará el análisis de las lecturas presentadas en el texto y la aplicación de los conceptos y principios estudiados a situaciones y problemas diversos.

En la versión de 1958 se expresó de manera especial "...gratitud con el curso de Ciencias Naturales I del Colegio de la Universidad de Chicago". Reiteramos el sentimiento de gratitud. Además, se debe destacar que este texto ha sido un esfuerzo del colectivo departamental, en particular de su personal docente. Mención especial merece el fenecido colega doctor Luis A. Colón Santos, quien logró en su condición de Director del Departamento, que el profesor Eugenio Asencio aceptara y realizara la encomienda de recopilar textos científicos originales. Todos los profesores, ayudantes de cátedra, así como el personal administrativo (incluyendo estudiantes de los programas de jornal y de estudio y trabajo) han contribuido, en mayor o menor grado, a esta iniciativa. Los que figuramos como editores, simplemente hemos sido canales de materialización de una voluntad colectiva.

Plácido F. Gómez-Ramírez
Director

EPISTEMOLOGÍA

Por: Mydiah M. de Mariani

Introducción

La unidad de epistemología que aparece en los capítulos siguientes debe utilizarse a lo largo del curso como medio de examinar la construcción del conocimiento científico en cada una de los trabajos de investigación estudiados. Es decir, conviene tomarla de referencia continua para que, al reconstruir el aporte de cada uno de los trabajos de ciencia del texto sirva para lograr la meta básica del curso que es intentar establecer la conexión entre la experiencia y la razón en la construcción del cuerpo de conocimiento en las ciencias físicas. No conviene, por tanto, estudiársele aparte del contexto de las lecturas originales a estudiarse. Hacer esto, derrotaría el propósito central del curso.

En general, la unidad consiste en una exposición de lo que significa ciencia física, su naturaleza, sus elementos constituyentes, su estructura lógica, sus estrategias para construir sus objetos de conocimiento y su alcance e interrelación con otras áreas del saber por ser parte integral de la cultura humana.

En el primer capítulo veremos, primero en general, lo que constituye ciencia y su producto, el conocimiento científico; luego, en particular, las dos grandes clases de ciencia y sus semejanzas y diferencias. En el segundo capítulo examinaremos distintas piezas de conocimiento que se manejan en las ciencias fácticas o empíricas, que son las de nuestro interés, y la relación lógica entre estas piezas de conocimiento. En el tercer capítulo estudiaremos los procesos de deducción e inducción y sus usos, alcances y limitaciones.

Hacemos constar que los lineamientos epistemológicos que hemos seguido siguen los planteamientos del filósofo de la ciencia Mario Bunge expuestos en sus numerosas obras.

CAPÍTULO I

Para los antiguos, la filosofía –el amor a la sabiduría– incluía todo saber o ciencia.

No se conocían las ciencias particulares a manera de astronomía, física, química, biología como las conocemos ahora sino en calidad de ciencias filosóficas. La diferencia entre este tipo de ciencias y el que nosotros manejamos estriba en que, en las primeras, por ejemplo, la Cosmología filosófica, se establecían sistemas globales del Universo que, aunque se fundaban en hechos, no pretendían dar cuenta de ellos ni cuantitativa ni detalladamente.

La cosmología moderna, por ejemplo, quiere dar cuenta de la formación de las estrellas, galaxias, forma y tamaño del Universo en la manera más precisa posible y aunque la ciencia pretende construir una teoría unificada, ese no es el propósito de la cosmología como tal. La validez de un sistema o teoría de ciencia filosófica no se estremecería demasiado por discrepancias experimentales; la de un sistema o teoría científica moderna sí que dependería grandemente de su potencia explicativa de todo lo que cayera bajo su alcance.

Aristóteles, por ejemplo, clasificaba la filosofía, dividiéndola en distintos tipos de ciencias o saberes. Las más abstractas eran las más importantes, Así, el estudio del Ser, u Ontología (Teología) era la ciencia más elevada. Le seguía el estudio de la Psiché o alma, la Lógica, la Matemática y finalmente, las ciencias filosóficas relacionadas con el mundo extramental.

Esta filosofía en la cual cabía todo, fue desmembrándose en las ciencias que llamamos particulares, y para el siglo 17, la astronomía y la física se fueron apartando de los cánones clásicos de establecimiento de conocimiento. Estas ciencias pretendían dar cuenta de lo observado en la forma más matematizada posible de aquellos fenómenos que les eran pertinentes. En sus inicios, y entusiasmados con el éxito de sus esfuerzos, los practicantes de estas ciencias pensaron que los sistemas que proponían representaban leyes o regularidades inmutables, verdaderas para siempre.

Tipos de ciencia

Se pueden distinguir dos tipos básicos de ciencia: las ciencias cuyos objetos de estudio son ideales son las llamadas ciencias formales y las ciencias factuales o fácticas o empíricas cuyos objetos de estudio son espacio temporales o reales entendiendo por esto que tienen existencia extramental u objetiva y que el conocimiento de esta existencia se puede compartir efectivamente por algún número de sujetos utilizando para ello la experiencia sensible. Por objetos ideales debemos entender objetos cuyo referente físico no podemos señalar. Así, los objetos matemáticos, los objetos teológicos, los objetos lógicos pertenecen a este tipo de objetos. No debemos igualar, objeto ideal con objeto ficticio o puramente imaginario. Sencillamente, no podemos señalar su contrapartida real. Dicho de otra manera, los puntos, las líneas, las esferas, el alma, los ángeles, son objetos ideales de los cuales se podría hacer ciencia: ésta sería una ciencia pura formal, sin control experimental. Esto, no porque no existan estos objetos, sino porque su existencia es o mental, en el sentido de que son producto de nuestras mentes, o porque su existir está fuera del alcance de nuestro aparato sensorial.

Cuando decimos, por ejemplo, que la belleza no existe sino que lo que existe es algún objeto bello, lo que queremos decir, es que la belleza como tal, no puede ser mostrada para ser vista. No se quiere decir que no existe en el sentido de que es un engaño hablar de ella. El sentido de belleza, armonía, paz, o intranquilidad son reales; sólo que no podemos traer ante nosotros, la paz , o la intranquilidad o la bondad.

Nuestro curso, desde luego, es uno acerca de las ciencias físicas, y por ello, lo que nos va a interesar es el estudio de objetos como balas de cañón, estrellas, substancias, metales, planetas, etc. Estos objetos pueden ser estudiados utilizando unos protocolos de observación comunes a una comunidad de expertos que pueden establecer sus propiedades y estructura básica, utilizando los sentidos junto con cualesquiera aparatos que se diseñen para lograr este propósito. Podemos distinguir, pues, entre estas dos clases de ciencia ateniéndonos a sus objetos de estudio.

Otra forma de distinguir entre estas dos clases de ciencia es fijándonos en los criterios que usan para establecer su verdad, corrección o validez. Estos cánones, lógicamente, están ligados a los objetos de estudio. En las ciencias formales, como los objetos de estudio son inespaciales e intemporales, la verdad de sus teorías, o sistemas, no depende para nada de la experimentación. Recordemos que estos objetos de estudio se definieron como objetos ideales, sin referencia a una realidad extra mental. La verdad, corrección o validez de las conclusiones geométricas, por tanto, depende de la coherencia interna del sistema geométrico pertinente. Es decir, de los postulados euclideanos, por ejemplo, se desprenderán consecuencias cuya veracidad sólo depende de que no se haya incurrido en contradicción al derivárselas. Podemos, pues, tener sistemas geométricos diferentes que incluyan postulados incoherentes entre ellos. Las consecuencias o teoremas de estos sistemas serán contradictorias, pero las de cada uno de estos tienen que ser coherentes con el sistema en el cual fueron derivadas. Así, podemos tener geometrías euclideanas y no euclideanas, las cuales son ambas verdaderas aunque sean contradictorias entre sí.

En la ciencia experimental o factual, el sistema teórico también debe ser coherente, desde luego. El conocimiento científico pretende ser racional. Por tener como referente a los objetos espacio temporales tendrá, además, que demostrar cierto grado de adecuación con resultados provenientes de la experiencia. Las consecuencias teóricas tendrán que ser coherentes con los axiomas de los cuales fueron derivados, pero además tendrán que pasar una prueba de contrastación con la experiencia sensible. Después de todo, la teoría pretende representar sistemas reales. Por referirse a objetos extra mentales, en la ciencia empírica no podrá haber prueba o demostración rigurosa de sus teoremas y axiomas, contrario a lo que sucede en las ciencias formales. Esto, debido al requisito de que tienen que pasar la prueba experimental. (Esto se verá en el capítulo sobre deducción e inducción). Asimismo, las estrategias de construcción de los objetos de estudio tienen que ser diferentes. En la ciencia empírica, el diseño de aparatos, la formulación de diseños experimentales son necesarios; en la ciencia formal, esto no tiene cabida.

Por otro lado, ambas pretenden producir conocimiento, el cual es racional: por esta razón sus sistemas deben ser coherentes. Sus fines básicos son iguales: la producción y desarrollo del conocimiento. Ambas tienen un carácter social. Es decir, se construyen socialmente; la comunidad de sus practicantes comparte sus resultados y el conocimiento adquirido y su rigor necesario es controlado por esta sociedad de practicantes. Si resulta ser conocimiento valedero la sociedad entera participará y controlará de alguna manera también el desarrollo de estas actividades. Aunque no todo integrante de la sociedad participa o comparte de la misma manera este conocimiento, hay una comunidad que examina, avala o rechaza las aportaciones de sus miembros y finalmente le da título de conocimiento a lo producido. Como este conocimiento es compartido y afecta a la vez todo el desarrollo humano, a la larga es afectado por la sociedad en que se genera y practica. Este título de "conocimiento" que se otorga a lo producido puede ser más o menos temporero como veremos en el próximo capítulo.

Tipos de conocimiento

Podemos entonces, considerar dos grandes tipos de conocimiento (racional): el científico –formal o empírico– y el conocimiento construido a partir de hechos cotidianos. Este último lo podemos llamar conocimiento común y comparte con el conocimiento científico algunas características. El conocimiento formal es el que se produce en las matemáticas, filosofía; el empírico o fáctico es aquel perteneciente a las ciencias naturales o sociales. Muchos autores nos hablan también de conocimiento intuitivo, el cual merece mención aparte. Aquí generalmente, no se pueden especificar los pasos de razonamiento mediante los cuales alegamos haber obtenido las inferencias en cuestión. Se pueden señalar, también, diferencias entre el conocimiento científico y estos otros tipos de conocimiento.

Veamos, en primer lugar, características del conocimiento común y el conocimiento científico empírico a partir de sus metas y estrategias de construcción. En primer lugar, el conocimiento, en general, se supone racional. Es decir, coherente, y en principio capaz de ser analizado en sus elementos constitutivos. Los dos, el común y el científico, comparten esta característica. Piezas de conocimiento común lo serían enunciados como los siguientes:

1. Los cuerpos pesados caen si se les deja libres.
2. Los hombres son, básicamente, egoístas.
3. Los niños son, generalmente inquietos y curiosos.
4. Un cielo lleno de negros nubarrones indica que lloverá abundantemente.

Para construir este conocimiento basta con vivir, observar lo que sucede a nuestro alrededor y generalizar las piezas de información individuales que podemos elaborar. Si se nos pide justificar estas generalizaciones, citaremos nuestra experiencia inmediata o la de nuestros vecinos.

Gradualmente, se va aprendiendo que estas generalizaciones tienen contraejemplos, los cuales no nos hacen perder la confianza en ellas sino que pretendemos justificarlos con otra generalización de conocimiento común: "Toda regla tiene excepciones". Alegamos que las excepciones son ejemplos de esta nueva regla. No se requiere entrenamiento especial para construir estos enunciados ni el uso de aparatos medidores. Pero es racional, puesto que está basado en una operación de la razón sobre información factual: la razón ha efectuado una generalización o universalización a partir de un número de casos encontrados. Esta operación es una inducción efectuada sobre la información factual en cuestión. Es conocimiento objetivo también, no subjetivo o individual, puesto que es compartible con el resto de los sujetos en esa comunidad. Es decir, no es conocimiento subjetivo en el sentido de que valga solamente para un sujeto particular. Es coherente, pues cuando se afirma una de estas oraciones, no se afirma lo contrario simultáneamente. Se puede argumentar coherentemente a partir de estas generalizaciones para explicar los casos individuales encontrados. Vemos, pues, que hay diferencias y similitudes entre el conocimiento común y el científico.

El fin o meta de este conocimiento común parece ser práctico. Es decir, se consigue para desenvolverse en sociedad, guiarse en la vida diaria, sembrar, usar el paraguas cuando sea preciso o evitar situaciones desagradables. No parece que se requiere un sistema o estrategia especial para obtenerlo. Hasta los niños pequeños son duchos en construir este conocimiento guiados por el entorno social en que se mueven y llevados de su razón natural.

Por otro lado, el fin del conocimiento científico es más bien teórico. Ha de ser construido laboriosamente. Comparte con el conocimiento común las características de coherencia y objetividad. No obstante, desde la producción de los datos o enunciados de utilidad para la construcción de este conocimiento, a partir de observables, se nota que requieren más complejidad en un doble sentido. Estos datos se usarán para la construcción de sistemas ideales (teorías) que constituyen el meollo del conocimiento científico. En primer lugar, se requiere el uso de instrumentos para producirlos y en segundo lugar, y por esta misma razón, el lenguaje utilizado en ellos no es un lenguaje puramente observable, pues contiene términos que refieren a cosas no observables en sí mismas. Así, si decimos que un corredor X es más rápido que otro Y al ver que le ganó una carrera de 100 metros, hemos producido una pieza de conocimiento común que no requiere mucho estudio especializado, pero si se dijese que el corredor X tuvo una rapidez promedio de 300 metros/minuto contra una rapidez promedio de 275 metros/minuto de su contrincante, habríamos construido un dato científico. Para construir este último se necesita haber definido el término no observable de rapidez promedio de una cierta manera cuyo valor es medible haciendo uso de unas determinadas operaciones. Si se tiene una solución de un azul intenso, por ejemplo, esta descripción no requiere gran elaboración, pero se podría decir de esa misma solución que es una solución cuya concentración es de 50 miligramos de ferrocianuro de potasio por cada 100ml de ella. En esta última descripción se maneja el término "concentración", el cual no es observable en sí mismo, sino que requiere el uso de indicadores los cuales apuntan hacia esta propiedad atribuible a la materia en solución. El uso de estos términos requiere, aparte de la definición de ellos, la utilización de aparatos y conocimiento especializado.

La producción de datos que encierran conceptos teóricos es una actividad en gran medida dirigida por las teorías mismas. Este proceso de producción de datos así como el de formulación de teorías y el estudio de las relaciones lógicas entre las diferentes piezas o elementos del conocimiento serán objeto de estudio en el próximo capítulo.

Las estrategias o metodologías utilizadas en la construcción de conocimiento científico varían notablemente de las utilizadas en la producción de conocimiento ordinario o común. Ya hemos discutido algunas como el uso de instrumentos para producir los datos de la ciencia. Otra diferencia notable la constituye el uso sistemático y riguroso de la contrastación empírica que tiene que ser utilizado como criterio de cientificidad de cualquier conclusión teórica. Como el conocimiento científico pretende ser sobre hechos en última instancia, pretendiendo rebasar los fenómenos perceptibles en los que se funda, las hipótesis o conjeturas explicativas propuestas para dar cuenta de éstos deben tener contenido empírico. Esto significa que, en principio, al menos, deben poder producir consecuencias capaces de ser puestas a prueba experimental. Si estas consecuencias se cumplen en los experimentos diseñados con este propósito, entonces se dice que la hipótesis ha sido confirmada y si no, se concluye que es falsa o insostenible. Este proceso se emplea sistemáticamente antes de admitir que las hipótesis formuladas son aceptables y por ello merecen constituir parte del conocimiento científico. Aunque no hay un método único que garantice la verdad de las conclusiones formadas acerca de los mecanismos teóricos propuestos, se puede esbozar una serie de etapas o pasos que se dan en una investigación científica. Todo este proceso de contrastación empírica no se exige, ni completa ni rigurosamente, para que las piezas de conocimiento común construidas sean aceptables para su uso y vigencia en una comunidad.

Aunque esta lista de pasos no puede ser exhaustiva, en general, lo que sigue a continuación ilustra de algún modo lo que sucede en toda investigación en sus lineamientos generales.

Ciclo de investigación

1. Comienza con la formulación del problema que se quiere investigar. Éste está enmarcado o contextualizado por el conocimiento que se tiene en ese momento inicial de la investigación. El problema lo es para un individuo particular que está enfocando lo que se acepta como conocimiento de una manera dada. Es decir hay unos hechos que se conocen, unos resultados o información factual a mano, que en un momento dado, constituyen la fuente de problematización para un individuo dado. Así, Aristóteles que creía que el estado natural de un cuerpo terrestre era el reposo, veía un problema en el movimiento de rapidez constante horizontal de un objeto terrestre. Newton suponía que el estado de velocidad constante, o aceleración igual a cero, era lo natural, problematizaba no el movimiento, sino la aceleración (digamos a modo de ejemplo, la de caída). Por otro lado, para Aristóteles, esta aceleración de caída no constituía un problema que necesitara explicación, pues suponía que la caída respondía a la tendencia natural del cuerpo de moverse hacia el centro del Universo, su lugar natural.

2. Una vez identificado y formulado el problema se conjeturan causas, motivos, o razones por las cuales pueda ser explicado lo que ocurre. Esta formulación de hipótesis que sean capaces de ponerse a prueba experimental, también está enmarcada en el cuerpo de conocimiento vigente. Es decir, parecen razonables dentro de éste. Por lo menos, deben ser compatibles con la mayor parte de este conocimiento (teórico). La razón para esto es que estas hipótesis se encadenarán con las teorías vigentes para producir consecuencias lógicas de ellas.

3. Hay que deducir consecuencias lógicas de la o las hipótesis formuladas en unión con las teorías vigentes. Estas conclusiones, si las hipótesis tienen contenido empírico, podrán ser verificables o falsables en principio.

4. Por otro lado, en el conocimiento disponible, la o las hipótesis propuestas como solución y las consecuencias obtenibles que deben poder ponerse a prueba, sugieren o inspiran al investigador el desarrollo de un diseño experimental. La consideración de cuestiones como las siguientes: qué medidas hacer, cómo hacerlas, qué información se necesita y el desarrollo en sí de esta puesta a prueba experimental

están incluidos en este paso. A esto se conoce como el diseño de técnicas y aparatos necesarios para obtener la información que permitirá decidir sobre la aceptación o rechazo de la hipótesis formulada.

5.   Ahora se realiza el o los experimentos diseñados y se efectúan las medidas de las magnitudes físicas que arrojarán luz sobre la aceptabilidad de la hipótesis; es decir, se producirá la información factual que la estrategia adoptada indica es necesaria para poder concluir sobre la verdad de la hipótesis que se está poniendo a prueba. Nótese que la hipótesis se está poniendo a prueba de una manera indirecta: a través de sus consecuencias.

6.   Una vez producidos los datos, se procede a la comparación de estos resultados con las consecuencias lógicas obtenidas por deducción en el paso # 3. Aquí el investigador tiene que decidir si las diferencias encontradas entre sus resultados y lo previsto son lo suficientemente pequeñas como para reclamar que hay acuerdo entre lo encontrado y lo previsto. De ser éste el caso concluye que la hipótesis es verdadera (aceptable, posible, compatible con lo que ocurre) y propone su aceptación. De no ser éste el caso puede todavía hacer una de dos cosas: proponer su rechazo o repetir su investigación cambiando su diseño experimental en algunos detalles si supone que ha habido fuentes de error en alguno que otro momento en el desarrollo del experimento o en la construcción o funcionamiento de sus aparatos. En este último caso continúa trabajando con la hipótesis originalmente formulada. Si decide rechazarla, propondrá otra u otras hasta que sus resultados compaginen con las previsiones deducidas de la hipótesis en conjunción con la teoría dentro de la cual opera.

Cualquier investigación incluye, a grandes rasgos, estos pasos o etapas. Como se puede ver, la producción de conocimiento ordinario, no utiliza este sistema de operación. El único paso estrictamente deductivo en este ciclo de investigación es cuando se toma la hipótesis propuesta y se la encadena deductivamente con las teorías o fragmentos de teorías vigentes para obtener consecuencias lógicas. Todos los demás pasos envuelven razonamiento inductivo, saltos de la imaginación, intuiciones creativas y decisiones personales sobre lo que constituye una interpretación razonable de lo encontrado. No obstante esta aparente subjetividad en el proceso, no resta en nada a la conclusión de que el conocimiento producido sea objetivo. Lo es porque refiere a hechos fuera del sujeto, los cuales no son controlables totalmente por él. Además, están al alcance de otros sujetos debidamente adiestrados. Lo que es subjetivo o dependiente del sujeto, son las hipótesis propuestas y sus consecuencias lógicas a partir del marco teórico operante. Pero toda imaginación o intuición en última instancia está sometida al arbitrio de la experiencia, lo cual constituye un control efectivo para éstas.

CAPÍTULO II

La ciencia factual o empírica es un tipo de actividad en la cual se aprecia el uso entretejido de la experiencia organizada por la razón, aun en su mero aspecto descriptivo, y el subsiguiente uso del intelecto para interpretar el material así organizado. Vimos que la finalidad de esta actividad es la construcción de conocimiento general, objetivo, teórico. Este conocimiento lo caracterizamos como histórico, social, de carácter aproximado y tentativo, aunque con reclamos de universalidad, sin restricciones espaciales o temporales, válido para todo tiempo y lugar.

En el conocimiento teórico construido a lo largo de la historia se pueden apreciar elementos de distinta naturaleza. En el capítulo anterior, hemos hablado de observación, observables, datos, hechos, y la interpretación de estos últimos por medio de sistemas de hipótesis. A algunos de estos elementos les llamamos procesos, como el de observación, formulación de definiciones, de hipótesis y construcción de teorías, estipulación de reglas de interpretación para la medición de propiedades de sistemas físicos. Otros de estos elementos son los productos de estos procesos tales como los datos, definiciones, hipótesis, teorías y reglas de correspondencia. Examinemos el sentido que le daremos a estos distintos elementos pertinentes al conocimiento científico.

Observación

Este proceso es básico en la ciencia, pues todos los demás, medición, diseño de experimentos, formulación de hipótesis, contrastación, etc. descansan en éste, en el sentido de que la observación es necesaria para ellos, aunque no es suficiente.

Hechos

Si llamamos hechos a lo que se observa podemos decir que el referente de la observación son los hechos. O dicho de otra manera, la observación refiere a los hechos. Por hechos entenderemos sucesos, es decir, lo que sucede u ocurre en nuestro universo al alcance de nuestros sentidos. Todo lo que sea espacio temporal, en principio, está sujeto a ser observado, aunque no lo haya sido todavía. Lo espacio temporal, recordemos, es lo que tiene existencia extra mental y, por ello, es capaz de ser intersubjetivado, es decir, es capaz de estar al alcance de la observación de cualquier sujeto capacitado para efectuar las operaciones necesarias para observarlo, por tener el aparato sensorial adecuado y los instrumentos requeridos para su observación. Lo que ocurre es la materia prima de la observación. Captar lo que ocurre es percibirlo, pero los datos no son percepciones, sino descripciones de lo que ha ocurrido. Estas descripciones son a la vez intencionadas e interpretativas de lo que sucede, y, si es que van a servir para la contrastación de teorías científicas, tienen que tener cierto carácter y haber sido establecidos de una cierta manera.

En primer lugar, de lo anterior se desprende que los hechos y los datos no son lo mismo. Su naturaleza y origen no son iguales. Lo que ocurre, por ejemplo, no puede ser verdadero ni falso, simplemente ocurre. Puede ser una alucinación o un hecho capaz de ser intersubjetivado. Sólo estos últimos podrán ser materia prima para la formulación de descripciones manejables por la ciencia empírica. (Recuérdese la pretensión de objetividad del conocimiento). Los datos, por otro lado, pueden tener valor veritativo. Se les puede atribuir un valor de "verdad". Dicho de otra manera pueden ser verdaderos o falsos.

Para describir lo que ocurre hace falta al menos un lenguaje natural o artificial y el manejo de éste por el observador y las condiciones necesarias para la observación. Sin luz, por ejemplo, no vemos nada. En un vacío no se puede oír nada. (A menos que usemos ondas de radio). Para observar pues, se necesita un observador, lo observado, unas circunstancias habilitantes y los instrumentos necesarios para poder hacer la observación. Para el conocimiento común, el instrumento conceptual necesario es el lenguaje y para el conocimiento científico se requiere además de éste, el instrumento conceptual de las teorías y otros instrumentos o aparatos de tipo físico.

Clases de Hechos

Los hechos, hemos dicho que son lo que ocurre o es, y podemos establecer diferentes clases de hechos. En realidad, el conocimiento científico lo que maneja son descripciones parciales de ciertos hechos que conocemos por fenómenos. Este término proviene de una palabra griega que significa aparición o manifestación. Los fenómenos son los hechos que se nos manifiestan, lo cual implica que si pensamos en un conjunto general, global, de hechos en el universo, los percibidos y los no percibidos, los fenómenos representan aquellos que entran en intersección con un sujeto. Sujeto es un sujeto filosófico, aquél que percibe y se percibe a sí mismo, estando consciente de sí. Y ¿qué de los hechos no percibidos, que no entran en contacto con ningún sujeto, como por ejemplo, el centro de la Tierra, o lo que se encuentra a 1000 millas de la superficie de la Tierra bajo nosotros? ¿Es que no son espacio temporales estas cosas? Bajo la definición dada para "hecho", tan espacio temporal es el interior no observado de la Tierra como su superficie No sería fenómeno sin embargo, pero el interior de la Tierra es parte de ella, y por tanto, es observable en principio. Podríamos llamar hecho a estas cosas no fenoménicas bajo la definición dada para "hecho".

Bajo el término "hecho" se incluyen sucesos de mayor o menor duración con diferente nombre tales como acaecimientos y procesos y también se incluyen las cosas o sistemas concretos (físicos). Así, un alarido, un estornudo, un relámpago, son acaecimientos y la digestión es un proceso. (¿Qué tal una llamada telefónica?). En el proceso lo que hay es un eslabonamiento de acaecimientos de suerte que uno cualquiera es la causa o determinante del que sigue en el tiempo. Proceso es, pues, una cadena causal temporal de acaecimientos. Lo anterior implica que si dos acaecimientos son simultáneos, no pueden formar parte de un proceso, porque uno no podría ser causa del otro. La causa, por definición, antecede el efecto.

Datos – producto de la observación

Anteriormente hemos distinguido entre datos y hechos basándonos en su naturaleza: es decir, considerando el nivel de realidad de unos y otros. Los primeros son oraciones descriptivas y están, por ello, en un nivel lingüístico; los segundos son lo que ocurre y están en un nivel físico. Podemos diferenciar entre ellos también a base de que los hechos no tienen valor veritativo, es decir valor de verdad posible –no son ni verdaderos ni falsos– mientras que los datos, por ser oraciones sí lo tienen. Tómese de ejemplo algún acontecimiento en el salón de clase: un estudiante deja caer su bulto. Otro estudiante, dice: "El bulto de Joaquín se movió en una dirección paralela al piso del salón". Lo que aparece en comillas simples pretende ser una descripción de lo ocurrido al bulto de Joaquín; no es el bulto de Joaquín ni lo que le sucedió al bulto. Luego no es el hecho ocurrido. ¿Qué es, pues? Claramente es una descripción parcial de algo que sucedió, y bajo la definición que dimos es un dato. Es falso, pero es un dato. En la construcción de conocimiento, naturalmente, se trata de manejar descripciones verdaderas, o al menos que no se sepan falsas, de los hechos bajo estudio. Incidentalmente, es un hecho también decir que el estudiante en cuestión emitió o formuló la descripción entre comillas. De este suceso se puede formular una descripción o dato; por ejemplo, "Juan dijo que el bulto de Joaquín se movió paralelamente al piso del salón".

Otra diferencia entre un hecho y un dato es que el primero es muy complejo: tiene muchas facetas, e incluso nunca puede ser captado totalmente. Los datos son descripciones parciales de algún aspecto de un hecho. Así, en el dato anterior, no se mencionó el color o forma del objeto que se movió relativo al piso del salón. Tampoco su masa o tamaño o densidad, etc. Una tercera diferencia importante es que muchos hechos nos son dados, pero los datos deben ser elaborados con mayor o menor trabajo.

El dato producido en el ejemplo anterior era falso, pero aunque hubiese sido cierto, no tendría mucho valor como dato científico. ¿Qué sentido puede tener la frase "dato científico"? Un dato científico puede caracterizarse imponiendo una serie de condiciones para su formulación. Podríamos decir, por ejemplo, que los datos de la ciencia deben ser cuantitativos, es decir, deben incluir los valores numéricos que representen las magnitudes y dirección de las variables estudiadas. Esto implica que habrá que establecer estos valores y esto se hace mediante el uso de instrumentos diseñados para estos fines. Esto a su vez implica que se usarán variables no observables directamente, sino elaboradas a partir de definiciones dentro de una teoría específica y estableciendo las reglas de correspondencia operacionales que permitan tales mediciones. Dicho de otra manera hay un protocolo público para la construcción de datos científicos al alcance de cualquier observador debidamente adiestrado. Los datos así obtenidos se consideran datos, que en principio, se pueden insertar en alguna teoría científica. Veamos un ejemplo de esto. Digamos que se dice: "El objeto X está lejos de mí". Esto es un dato de conocimiento común en un lenguaje natural cualquiera, en este caso, español. Si se quisiera producir un dato que pueda ser insertado en las fórmulas de movimiento, se necesitará ser mucho más específico. ¿A qué distancia y en qué dirección está el objeto nombrado? El concepto distancia tiene relación con el espacio y suponiendo que éste es continuo, podemos pensar en medir el espacio en términos de algún patrón que divida este espacio en segmentos iguales. Para ello se puede pensar en una regla o yarda o tablón de un largo específico y se estipula que la suma de las veces que este patrón cabe en la distancia en cuestión será la medida de su valor en esas unidades particulares. Si se desea se fracciona o calibra el estándar para obtener la distancia con mayor exactitud. Se presume que el estándar escogido no cambia de tamaño al ser movido de una posición a otra (¿por qué?) para efectuar la medición deseada. Es decir, se supone que es un cuerpo perfectamente rígido. Se estipula así, de lo contrario no podemos medir distancia usando este método.

Vemos que, aun para conseguir información cuantitativa de algo tan sencillo como la distancia a que está el objeto X de mí, necesito inventar conceptos e hipótesis acerca de la naturaleza del espacio y del cuerpo que uso de medida. Si se mide muchas veces esta distancia obtendremos valores cercanos, pero diferentes. Cada una de estas medidas es un dato y su promedio o dispersión (sigma) o cualquiera otra variable estadística que se consiga de ellos, también será dato. Los datos de la ciencia generalmente incluyen términos no observables en sí mismos, sino a través de indicadores. Lo anterior sería igualmente válido para el establecimiento de la velocidad o aceleración o rapidez, o masa de un cuerpo cualquiera.

Un dato científico es, pues, una descripción parcial de un aspecto de un hecho obtenida mediante el uso de un protocolo particular que implica el uso de aparatos físicos y conceptuales y cuyo sujeto está en singular. Recordemos que un sujeto singular puede ser el valor de una variable o el de un grupo determinado de valores de la variable así como cualquier tratamiento estadístico de estos valores.

¿Por qué la insistencia en el uso de aparatos físicos y de un protocolo especial? Hay que recordar que el objetivo básico de la actividad científica es organizar los datos relativos a los fenómenos que se desean explicar bajo una base teórica. Y las teorías de la ciencia más avanzada incluyen relaciones funcionales, relaciones invariantes entre variables. Para conocer las magnitudes de las variables, lo cual es necesario para el establecimiento de las fórmulas de la ciencia física y que no son otra cosa que las relaciones invariantes deseadas, se requiere el uso de aparatos físicos y conceptuales. Un sujeto armado con su aparato sensorial, aunque esté asistido de aparatos que le aumenten su capacidad auditiva o visual no puede establecer a ojo, los valores de estas variables. Se requiere un instrumento construido de tal manera que a base de su teoría de construcción y de otros fragmentos de teorías substantivas, nos permita concluir el valor de estas variables. Esta conclusión estará basada en la teoría instrumental del aparato y en la postulación de relaciones funcionales entre algún indicador observable y la variable de interés, la cual dijimos es inobservable en sí misma.

Tomemos de ejemplo una variable común sencilla: temperatura. Esta variable no se puede observar en sí misma. Lo que observamos al leer un termómetro es la altura de una columna fina, usualmente de mercurio, la cual interpretamos como indicativa de que la lectura observada es igual, numéricamente, a la temperatura (no observable) del objeto bajo estudio. Es decir, la lectura de mercurio no es la temperatura: sólo se alega que el valor de ésta y el valor numérico de la temperatura medida son iguales. ¿Cómo se justifica esta pretensión? Se conoce que un líquido como mercurio se expande al calentarse. Se presume que la temperatura tiene alguna relación con el calor. En un cuerpo dado, se presume que a mayor calor suministrado, la temperatura aumentará. Se construye un termómetro bajo las premisas anteriores. Un tubo de cristal que tiene un tubo capilar interno sellado lleno de mercurio se sumerge en agua que está en equilibrio térmico con hielo y se nota y marca la altura del mercurio. Se sumerge en agua hirviendo y se nota y marca la altura del mercurio. Se calibra dividiendo en partes iguales el espacio entre las dos marcas anotadas. Se le asignan valores al punto de fusión o congelación del agua y a su punto de ebullición. Dependiendo de estos dos valores asignados se tiene una escala x o una escala y; una escala centígrado o una escala Fahrenheit. Hay que presumir que al sumergir el termómetro en un cuerpo cualquiera el mercurio se va a expandir al mismo ritmo a través de toda la escala, y que la lectura corresponde a la temperatura del objeto; igual que la lectura de 0 o 32 correspondía a la temperatura del agua con hielo en las dos escalas mencionadas.

Los datos obtenidos al repetir una observación cualquiera no van a resultar idénticos. Al leer la temperatura de un objeto hay variaciones no sólo porque diferentes sujetos ven diferentes cosas. Un mismo sujeto, al repetir sus lecturas del termómetro, puede no colocarlo siempre de igual manera, o puede haber variaciones menores de las condiciones ambientales no detectadas por el investigador; por error o distracción cualquier otro detalle no conocido sus estimaciones de la lectura tendrán ligeras variaciones. Tan pronto se mide se entra en el campo del error: error debido al instrumento, error debido al sujeto que observa, error debido a circunstancias de medición. Desafortunadamente, no podemos evitar medir, luego no podemos eliminar el error. Lo que se puede hacer es controlar lo más posible estas fuentes de error, repitiendo las mediciones un número suficiente de veces, con el cuidado necesario. Luego se somete los valores a un análisis estadístico para asegurar la precisión de las medidas. La exactitud de ellas es otro cantar. Para determinar ésta no basta una buena precisión, sería deseable conocer el valor más probable o correcto de lo que se mide para saber si el valor obtenido representa un valor aceptable desde el punto de vista de la exactitud del mismo.

En resumen, la producción de datos científicos, fin de la observación científica, es un proceso trabajoso que requiere el uso creativo de la mente aparte de los aparatos físicos necesarios. El diseño de estos requiere, asimismo, el uso de la imaginación y las ideas. No es posible conseguir datos científicos pertinentes o relevantes a menos que esto se haga en el seno de las teorías y guiado por ellas. Desde luego que los datos los suponemos conectados con los hechos, de suerte que pensamos que son adecuados, es decir, corresponden, más o menos, a la realidad. Al explicar los datos, abrigamos la esperanza de que estemos explicando los hechos descritos por ellos, a, por lo menos, los aspectos de los hechos que ellos describen.

Definiciones

Hemos usado el término "definir" sin caracterizarlo adecuadamente. Este elemento del conocimiento científico es de nivel lingüístico también, al igual que los datos. Sin embargo su conexión con la experiencia sensible es distinta. Es mucho más indirecta. En el caso de la ciencia física se definen casi todos los términos que se usan en los axiomas o postulados de la teoría. En toda teoría hay algunos que no se definen que son los llamados términos primitivos. Estos se dan por entendidos. Así, Newton no define materia, sino cantidad de materia o masa. El término "materia" es primitivo en esta teoría. El objeto de definir los términos a usarse es que su uso en las fórmulas de la teoría queden caracterizados de una misma manera. Así, la aceleración rectilínea que aparece en la Ley de Movimiento tiene unas características especificadas en su definición y no otras. Si estas características cambiasen, esto es, si la definición de este término cambiase, las leyes o relaciones invariantes en las cuales aparecen estos términos serían diferentes porque las definiciones y las fórmulas en que aparecen están ligadas. Las definiciones se usan como premisas en argumentos deductivos explicativos en los cuales se utilizan los axiomas y teoremas de la teoría. Las definiciones son pues, contextuales, nacen y se usan dentro de una teoría.

Cuando se define un término X se puede estar haciendo una de varias cosas. Algo que podemos hacer al definirlo es darle un nombre al objeto definido. Esta definición se llama nominal. Así, si decimos, "Hidrógeno es el elemento menos denso conocido", estamos estableciendo una definición nominal: le estamos dando el nombre de "hidrógeno" al elemento menos denso que conocemos. De suerte que en vez de hablar del elemento menos denso, podemos hablar de hidrógeno, entendiéndose por este nombre la substancia elemental de menor densidad. En el seno de la teoría atómica de Dalton podría definirse hidrógeno como "la substancia cuyo peso atómico es igual a 1." Sería ésta una definición nominal teórica. Valdría en el seno de la teoría de Dalton, por ejemplo. Otra cosa que podemos hacer es dar la definición real o esencial del término X.

Este último caso de definición lo que hace es proveer las condiciones suficientes y necesarias del objeto a definirse. Una condición suficiente de X es aquello que basta para determinar a X. Una condición necesaria para el término X es aquello que se necesita para tener a X. Así para ser mamífero, es necesario ser animal. Pero no es suficiente. No basta ser animal para ser mamífero, pues los hay que no lo son; por ejemplo, los ovíparos. En una definición real o esencial hay que estipular las dos, las condiciones necesarias y suficientes de lo definido.

La forma lógica de una definición es, pues, "A si y sólo si B" donde A es lo definido y B es el definiente o lo que define. Es decir tenemos que aceptar estas dos oraciones como verdaderas : (1) "A si B" o "Si B, A" y (2) "A sólo si B". Otra manera más de decir la oración (1) es "Si B, entonces A" y la oración (2) "Si A, entonces B". B es condición suficiente y necesaria de A en el caso de que se puedan aceptar ambos condicionales como verdaderos. En este caso, se tiene una definición real o esencial, en la cual lo definido queda caracterizado totalmente por el definiente o lo que define, siendo ambos, definido y definiente intercambiables entre sí por tener un valor equivalente. Los objetos ideales matemáticos, lógicos y filosóficos son particularmente aptos para ser definidos de esta manera.

Ejemplos de definiciones de objetos ideales son las de cualquier objeto matemático como círculo, elipse etc. Veamos un caso de definición de objeto concreto. Digamos que se quiere definir el término "estrella". Toda definición lo es de algún término. Estamos usando el vocablo definición en su sentido de correspondencia signo a signo, y no signo a objeto. Señalar con la mano algún objeto a la vez que se le nombra no es un caso de definición tal y como lo usamos aquí. A esto se le llama referición; en esta operación nos referimos a un objeto físico con un nombre o adjetivo. En el caso que nos ocupa podemos ensayar una primera definición de estrella como la siguiente: "Una estrella es un punto de luz en el cielo el cual no cambia de declinación a lo largo del tiempo". Para aceptar este enunciado como una definición debemos aceptar que los dos enunciados siguientes son verdaderos.

(1) Si algo es una estrella, entonces ese algo es un punto de luz de declinación incambiante,
(2) Si algo es un punto de luz de declinación incambiante, ese algo es una estrella.

Dado que es posible aceptar estas dos aseveraciones mediante la observación, por ejemplo, de una estrella particular durante años, podríamos estar de acuerdo que estamos frente a una definición adecuada de una estrella. Pero las definiciones de objetos físicos no lo son para toda la eternidad. Las definiciones, en general, están ligadas a las teorías vigentes y al estado de conocimiento en un momento dado. Esta definición de estrella no es la mejor ahora, pues experiencias tenidas interpretadas por las actuales teorías astronómicas nos dicen que la definición antedicha no es enteramente adecuada porque la declinación de las estrellas, estrictamente hablando, debe ser cambiante ya que tienen movimiento individual, aunque para notarlo se necesiten miles de años. La definición anterior debe ser mejorada por una quizás como: "Una estrella es una bomba termonuclear natural", la cual estaría adecuada en el presente para las teorías que tenemos acerca de la naturaleza de las estrellas. Por bomba termonuclear natural debemos entender un material en el cual están ocurriendo naturalmente reacciones de fusión nuclear de forma espontánea. Como vemos, estas definiciones de objetos físicos tienen un carácter temporero, contextual a las teorías, lo que no es el caso de la definición de un objeto ideal particular el cual es ideado por nuestra mente a voluntad.

La naturaleza de estos objetos no cambia con la interpretación cambiante de la experiencia sensible. Por otro lado, una oración como "Una estrella es un punto luminoso en el cielo " no podría ser un candidato para definición de estrella porque tanto los planetas como la Luna son puntos luminosos en el cielo. Uno de los condicionales necesarios para aceptar la oración anterior como definición falla. El condicional "Si algo es un punto luminoso en el cielo, ese algo es una estrella" no es aceptable, por falso.

En resumen, las definiciones de términos que refieren a objetos físicos, no pueden ser eternas, sino temporeras las cuales valen en el contexto de un cuerpo de conocimiento existente, que sabemos es cambiante en el caso del conocimiento en las ciencias experimentales. Este conocimiento, cuya pretensión es representar la realidad extra mental lo mejor posible, tiene un componente que cambia con el tiempo: la información factual. Al aumentar ésta o al hacerse más precisa, su interpretación teórica requerirá ajustes, que pueden ir desde pequeñas modificaciones de la teoría hasta una reinterpretación total de la experiencia disponible.

Otro punto relativo a las definiciones que merece discutirse es su arbitrariedad. Esta característica muchas veces es mal entendida. Cuando algo es arbitrario es porque está al arbitrio o decisión de alguna voluntad. Pero en el caso de las definiciones de la ciencia esta voluntad definiente lo está al servicio de algo específico. Lo que quiere es definir propiedades de una manera adecuada. La definición propuesta es arbitraria en el sentido de que pudo haber sido otra lógicamente hablando, pero físicamente hablando, sólo se adopta si es adecuada para los propósitos de encontrar información que se pueda insertar en las fórmulas teóricas vigentes o propuestas. Es decir, la definición, para que sea aceptable, tiene una función que cumplir en la explicación y organización de la experiencia. La arbitrariedad en la formulación de las definiciones está al servicio de los propósitos de la ciencia.

Hipótesis

Las hipótesis, al igual que los datos y definiciones, son enunciados:
dicho de otra manera son objetos lingüísticos. Su función es, sin embargo,
distinta a las de los otros elementos mencionados: se utilizan para explicar, para dar razón de lo que ocurre. Las llamadas hipótesis de una teoría
son conjeturas, suposiciones que se aventuran para explicar lo ocurrido.
El objetivo de la teoría es dar explicaciones cada vez más profundas de lo
que ocurre, en términos de mecanismos o procesos subyacentes a lo observado. Las hipótesis, pues, son los elementos constitutivos de una teoría. La forma típica de estas hipótesis en una teoría clásica, es la universal
en donde se afirma que lo que se dice vale para todo tiempo y lugar. Es
decir la hipótesis es un reclamo universal. El cuantificador universal "todos" está explícita o implícitamente presente de alguna manera. En las
teorías probabilísticas éste no es el caso y el carácter de la explicación es
por ello diferente.

El valor de "verdad" de los datos es determinable apelando a la experiencia. Pero las definiciones no son verdaderas o falsas, sino adecuadas o
inadecuadas. En el caso de las hipótesis, tienen un valor de verdad el cual
se encuentra apelando a la experiencia de manera indirecta. Supongamos
que se tiene un conjunto de hipótesis. Diremos que son verdaderas si las
consecuencias deducidas de ellas se confirman experimentalmente. No las
podemos poner a prueba a ellas, sino a sus consecuencias. Si sus consecuencias se confirman dentro del margen de error que estamos dispuestos a
aceptar, decimos que las hipótesis de las cuales se dedujeron estas predicciones constatadas eran correctas. Este carácter de verdad o corrección así
establecido resulta ser incierto. La contrastación experimental de las hipótesis utilizan un razonamiento inductivo el cual no garantiza la verdad de la
conclusión en un argumento explicativo. Primero porque el razonamiento
no es deductivo. Segundo, podría haber alternativas hipotéticas iguales o
mejores que no hemos considerado; tercero, porque aunque sean las mejores en un momento dado, las podemos refinar o aun cambiar si las circunstancias lo requieren. Es decir, como las hipótesis apuntan a causas y,
estrictamente hablando, las causas no son observables, su confirmación
por el método señalado anteriormente, sólo las hace posibles o probables.

En la sección de contrastación empírica, en el próximo capítulo, podremos ver en más detalle las razones detrás de estas afirmaciones. Establecer la verdad o falsedad de las hipótesis implica distintos tipos de razonamiento, así como el análisis de los datos predichos y por ello, encierra
riesgo.

Axiomas

Se pueden distinguir en una teoría unas hipótesis que son indepen-
dientes, lógicamente hablando, no sólo entre sí, sino de todas las demás.
Independencia lógica de dos oraciones no quiere decir que no tienen
nada que ver una con la otra; sólo que la relación entre ellas no puede

ser deductiva. Lo que deben tener, sin embargo, es unidad lógica, para que de ellas se puedan deducir consecuencias. Para que una hipótesis tenga el rango lógico más alto, el de axioma, es necesario que no sea derivable de otras por deducción. A estos enunciados que constituyen el núcleo de la teoría se les puede llamar axiomas. Los términos primitivos de la teoría aparecen en ellos. En una cadena explicativa cualquiera veremos que estos enunciados son los que están más lejanos de la experiencia directa. En una teoría dada, los axiomas no se cuestionan, sino que se parte de ellos. Su justificación está en la capacidad o potencia que tengan para explicar lo que ocurre.

Teoremas o leyes

En la teoría hay también hipótesis deducidas de los axiomas y definiciones de la teoría. Son por ello, lógicamente dependientes de los axiomas y se conocen como teoremas por esta razón. Muchas de las llamadas leyes de la ciencia son teoremas en alguna teoría. Otras son axiomas lógicamente hablando. En los textos comunes de ciencia no se suelen hacer estas distinciones. En algunos todavía se habla de leyes de la naturaleza, como si fueran incambiantes. Es que se confunde lo que ocurre, por ejemplo, que los cuerpos más densos que un medio siempre caen en él, con una expresión acerca de la causa que se supone está detrás del hecho mencionado. En distintas épocas esta causa ha sido postulada como (1) la naturaleza de los cuerpos mismos, (2) una fuerza entre la Tierra y el cuerpo que varía con las masas y la distancia entre ellos y (3) la curvatura del espacio.

Estas leyes o teoremas pueden tener diferentes grados de generalidad. Se las supone universales o cuasi universales. Lo universal es lo que aplica a un conjunto potencialmente infinito de casos. En general, no debe haber restricciones temporales en las hipótesis de la ciencia, aunque sí puede tener restricciones espaciales. La hipótesis siguiente: " La aceleración de gravedad a nivel del mar en la superficie de la Tierra cerca de X es aproximadamente de 9.8 m/seg.^{2}" vale para un conjunto potencialmente infinito de casos en todo tiempo, pero sólo para la vecindad indicada. Se admite como teorema o ley en la teoría de Newton, por ejemplo, porque puede ser deducida de los axiomas generales de Newton en combinación con información acerca de la masa de la Tierra, su radio en esa vecindad y la distribución de materia en ese lugar. Pero una hipótesis que dijese que lo que reclama vale sólo hasta el año 2050, para dar un caso, no sería aceptable.

Lo antedicho tiene que ver con la forma de los enunciados de ley, o leyes como se les prefiere llamar. En los libros de texto la forma de las leyes es categórica, es decir, es afirmativa; en los argumentos explicativos se usan en la forma equivalente de condicional hipotético. El condicional tiene la forma general siguiente : "Si p, entonces q", donde p y q son dos oraciones cualesquiera. También podríamos ponerlo en esta forma Si ______, entonces ______. Ejemplos de condicionales son los siguientes enunciados:

1. Si plomo es un metal, entonces el plomo conduce electricidad.

2. Si tenemos un triángulo isósceles, entonces, dos de sus lados serán iguales.

3. Si San Juan está en Puerto Rico, entonces, San Juan es la capital de Puerto Rico.

4. Si X es un gas, entonces, a presión constante, su volumen varía directamente con su temperatura absoluta.

Evidentemente no todos los condicionales hipotéticos ni son leyes de la ciencia ni tienen que ser verdaderos, pero todas las leyes sí pueden ponerse en forma de condicional si así se desea y, en el momento en que se formulan, reclaman ser verdaderas.

Estas oraciones serán verdaderas o falsas: su valor de verdad depende del valor de verdad de las oraciones que constituyen su antecedente y su consecuente y de la tabla de verdad del condicional. El antecedente del condicional es la oración que va inmediatamente después de "*Si*" y el consecuente es la oración que va después de "*entonces*". Un axioma como el siguiente: "La materia está constituida por átomos" puede ser expresada en forma de condicional hipotético expresándolo así : "Si algo es materia, entonces, ese algo está constituido por átomos." Una ventaja de expresar la ley en forma condicional es que esta forma lógica nos permite saber, de una ojeada, cuál es la condición suficiente y cuál es la necesaria. Ya hemos visto en la sección de definiciones que el antecedente es suficiente para el consecuente y éste, a su vez es la condición necesaria para el antecedente. En la definición no teníamos un condicional hipotético sino dos, porque el definiente representa las condiciones suficientes y necesarias para lo definido. Es el caso de "A si B y sólo si B." Una segunda razón para usar la forma condicional es para poderlas enlazar lógicamente siguiendo las reglas del cálculo proposicional.

Si las leyes son cuantitativas, lo que expresan es una relación invariante o constante entre variables. Son funciones matemáticas. Los axiomas y sus teoremas se utilizan para explicar deductivamente, es decir, para montar argumentos explicativos. En este contexto se puede hablar de hipótesis de diferente nivel lógico, según el orden que tienen en un árbol deductivo. Las hipótesis de rango más alto son los axiomas y sus primeras consecuencias, los teoremas de nivel más alto, se expresan en forma de ecuaciones diferenciales en las cuales, desde luego, no aparecen parámetros. Una vez integradas estas ecuaciones aparecen éstos los cuales pueden o no estar especificados. Estas ecuaciones ya integradas representarán teoremas de rango lógico menor, en la medida que algunos o todos sus parámetros estén especificados. Por ejemplo, una ley de nivel alto puede ser la siguiente $g = ds^2/dt^2$; una ley de nivel menor será $s = 1/2\, gt^2 + v_0 t + s_0$ Esta última es la anterior ya integrada con los parámetros de g y s_0 sin especificar. Si se especifica que g tiene el valor de la aceleración de gravedad en la superficie de la Tierra y que el cuerpo está a una distancia s_0 del marco escogido, la ecuación es aplicable a todos los casos que cumplan las condiciones de los parámetros escogidos; este conjunto es potencialmente infinito. Si se particulariza la aplicación a un cuerpo que tenga esa aceleración y ese valor de s_0 entonces se podría calcular s para un tiempo t particular y esto constituiría una predicción o consecuencia singular.

Generalizaciones empíricas

Hay otras hipótesis cuya relación con la experiencia es muy cercana. Los axiomas son construidos, imaginados, inventados, producidos por la mente. Son invenciones casi libres. El casi hay que decirlo porque no se inventan totalmente de espaldas a la experiencia. Esta invención está restringida por la función que le hemos asignado a las teorías. Esta función básica, mínima, es la de explicar o dar cuenta de lo que ocurre. Luego lo que ocurre frena lo que se puede inventar. Este freno no es muy grande si sólo se tiene en cuenta la explicación de pocos fenómenos. Pero si se pretende dar cuenta de una gama amplia de fenómenos de muchas clases, entonces el número de teorías que son capaces de hacer esto se reduce drásticamente. Los teoremas como hemos visto son consecuencias lógicas de los axiomas y las definiciones y están también lejos de lo que perciben los sentidos.

Estas hipótesis que nos ocupan ahora, por otro lado parecen "salir " de la experiencia. Les llamamos generalizaciones empíricas porque son universalizaciones hecha a partir de un número finito, usualmente pequeño de casos. La generalización alega que lo que ocurre en casos similares, dadas unas condiciones similares es, fue y será siempre así . A esto se le conoce como inducción estricta. Aunque a primera vista, las generalizaciones parecen ser más seguras que los axiomas y los teoremas por estar estos más lejos de la experiencia, lógicamente hablando, la generalización es mucho más débil, aparte de su incertidumbre innata. Veamos estos dos puntos.

1. Debilidad lógica

Un oración es lógicamente más débil que otra si de ella se pueden deducir menos consecuencias. Así, una oración particular afirmativa cualquiera como "Sócrates es mortal" es más débil que su generalización correspondiente que es "Todos los hombres son mortales". Pero la potencia predictiva de esta generalización es poca: se limita a un conjunto infinito de oraciones que afirman que X, Y, Z , etc. son mortales, si son hombres. Ese es el límite de su capacidad. Si tomamos una generalización científica como ejemplo, la situación no cambia. Digamos que escogemos lo encontrado por Boyle, en el siglo 17. Boyle halló que para una masa dada de gas, a temperatura constante, el producto de su presión y volumen era aproximadamente constante. Idealizó sus resultados, eliminó el casi y reclamó haber "encontrado" una ley de la naturaleza. Pero el valor de la constante no era el mismo ni para un mismo gas, porque depende de la masa tomada. Si tomamos iguales masas de diferentes gases tampoco el valor de la constante que relaciona los cambios en volumen y presión se mantiene igual. Claro, si mantiene constante la masa de un cierto gas, puede variar a su antojo los valores de volumen y los correspondientes cambios en presión se pueden calcular a partir de la generalización. Así que la relación cambia de gas a gas, y de masa a masa, por lo que Boyle tendría un conjunto de ecuaciones diferentes donde el parámetro K, que es el producto del volumen y la presión de un gas en un caso dado cambiaría de valor. Para una cierta masa de un cierto gas la ecuación es utilizable para predecir cuál será su volumen si se sabe su presión y viceversa. A esto se limitaría su valor predictivo.

2. Incertidumbre innata

No existe una lógica inductiva que permita calcular el valor de verdad de una conclusión inductiva de modo inequívoco. Para proponer una generalización empírica se utiliza un número de casos, que puede ser diez, veinte, un millón, sobre los cuales la mente opera la generalización. Por ser una operación de la mente, le llamamos una operación lógica a la generalización o universalización. Aunque en el millón de casos la situación sea como la descrita no se tiene garantía de la aplicabilidad de esta conclusión al próximo caso que encontremos. Dicho de otra manera, aunque haya un millón de cisnes blancos, esto no garantiza que no haya cisnes verdes. Aunque las premisas sean verdaderas –el millón de cisnes blancos constituyen un millón de premisas– la conclusión inductiva de "Todos los cisnes son blancos" puede ser falsa. La única manera que se estaría seguro de que es verdadera es si limitamos la aplicabilidad de la conclusión a los casos examinados. Pero esto no es lo que se hace en ciencia. Esto sería más bien trivial. Las generalizaciones científicas reclaman que aplican a todos los casos posibles, los presentes, los pasados y los futuros. Luego la incertidumbre de las conclusiones inductivas es inherente al proceso por el cual se originan; nadie puede haber examinado los posibles casos de nada. Luego hay un salto de los casos a mano a **todos** los casos posibles. Este elemento es lo que hace que una oración como la de Boyle y la de "Todos los hombres son mortales" se consideren hipótesis, porque ciertamente contienen un elemento hipotético. Dicho sea de paso, la de Boyle contiene uno adicional comparado con el caso de "Todos los hombre sos mortales": el producto de volumen y presión no es constante, es casi constante experimentalmente hablando. El investigador optó por suponer que las desviaciones se debían a errores. Pudo haber supuesto que las desviaciones observadas eran reales.

Teorías

Una teoría es un sistema de hipótesis en el cual hay un orden parcial de deducibilidad entre ellas. De los axiomas y definiciones se debe poder obtener, por deducción, teoremas menos fuertes aunque generales y de estos a su vez, se obtienen las predicciones particulares, las cuales serán sometibles a una prueba experimental. Es parcial este ordenamiento, al igual que en un argumento deductivo, porque de las premisas axiomáticas más fuertes se pueden deducir teoremas, pero, de estos, nunca podríamos llegar, por deducción, a los axiomas iniciales. Recordemos que las hipótesis tienen forma lógica de condicional hipotético; es decir, si _____, entonces _____ y en este tipo de oración lo que se conoce es la condición suficiente para el consecuente, no la condición necesaria para éste.

Los axiomas de la teoría contienen los términos primitivos de ésta, los cuales, por fuerza, si la teoría es profunda, serán términos no observacionales en sí, sino que referirán a entidades más allá de lo fenoménico. Por ello, estos axiomas no pueden ser confirmados directamente por observación; nos tendremos que contentar con poner a prueba sus consecuencias válidas, de un nivel lógico más bajo, que harán referencia a términos medibles a través de definiciones y reglas de correspondencia estatuidas con el propósito de permitir esta medición. En la sección de contrastación veremos que lo más que podemos hacer es confirmar estas hipótesis, si es que los resultados experimentales concuerdan más o menos con los resultados previstos en la deducción (las consecuencias mencionadas). También podemos negar la hipótesis en el caso de que no haya acuerdo entre la predicción o previsión y el resultado experimental. Veremos asimismo que la confirmación no es deductiva porque el razonamiento es falaz y la negación tampoco es absoluta porque aunque el razonamiento es válido, encierra toda la teoría. Es imposible confirmar o rechazar hipótesis individuales sin haber hecho referencia a la teoría en la cual se trabaja. Esto imposibilita que se señale fuera de duda, cuál es la hipótesis falsa.

Las teorías de la ciencia en realidad son sistemas ideales (consisten de fórmulas o enunciados) aplicables exactamente a sistemas ideales. Intenta ser una representación o interpretación de sistemas reales pero por fuerza sólo podrán dar cuenta de estos aproximadamente. Son algo así como bocetos de la realidad. Como ésta es tan rica, no debe extrañar que ninguna teoría recoja la totalidad de un sistema real exactamente. Sólo se toman unas pocas variables y las relaciones más simples posibles entre ellas. Según aparecen más fenómenos y mayor variedad de ellos al incursar en la investigación, habrá que complicar o cambiar el cuadro teórico inicial simple.

CAPÍTULO III

Examinemos los procesos de razonamiento de inducción y deducción, su utilización en la contrastación empírica de las hipótesis formuladas, así como su validez y potencia en cuanto al establecimiento de lo que llamamos conocimiento científico en las ciencias físicas.

Estos procesos mencionados así como el de comparación, analogía y otros son usados continuamente en la investigación científica. Muchos autores han insistido en el proceso de inducción en la ciencia como lo primero o más fundamental. Sir Francis Bacon, por ejemplo, Mills y Whewell, entre otros sostienen que la inducción es lo más importante en la construcción del conocimiento científico. Esta posición no es sostenible, pues se necesitan ambos procesos. Cada uno tiene una función y es inútil intentar decidir cuál es más importante. Ambos son importantes por ser necesarios y se utilizan todo el tiempo en la construcción de conocimiento. Sobre todo habría que distinguir entre una inducción estricta y otros razonamientos no deductivos que quizás, a falta de un término mejor, son también llamados inductivos. La formulación de hipótesis del orden de axiomas no puede ser producto de la inducción estricta, porque contiene términos bien abstractos, que podemos considerar transfenoménicos o transempíricos. Estos términos, en consecuencia no pueden haber sido obtenidos por la inducción estricta de casos observados. Para llegar a ellos hay que dar un "salto en el vacío" intelectual, paso arriesgado y creativo.

Inducción (Estricta)

Comencemos por el proceso inductivo, que es menos técnico, de uso común y cotidiano y por ello es más familiar para todo el mundo. Es un proceso intuitivo y aparentemente desde muy corta edad los seres humanos lo usamos continuamente.

Hemos visto algo de este proceso al estudiar la producción u origen de las generalizaciones empíricas. Repasemos pues el proceso. La mente detecta semejanzas y desemejanzas en los varios fenómenos. Digamos que antes de que llueva se ha observado que el cielo se pone nublado, sopla una brisa algo fría y húmeda y hay relámpagos y truenos. Si esta observación se repite un número de veces –¡no tienen que ser muchas!– la mente universaliza la situación y se propone que siempre que vaya a llover aparecerán esos indicadores anteriormente mencionados (nubes, relámpagos etc.). A esto se le llama una conclusión inductiva. En la vida diaria esto se conoce como "saltar a conclusiones". A los legos les parece que en ciencia es diferente porque imaginan que los experimentos se han hecho miles de veces antes de generalizar y, por tanto, la inferencia tiene que ser verdadera. Pero el número de veces que se observa algo no puede garantizar que seguirá dando lo mismo. ¿Qué ha sucedido? De un número determinado de casos, pocos o muchos, se ha inferido la conclusión de que siempre será así. Esta inferencia es inductiva. Si nos preguntamos por la validez de esta conclusión nos damos cuenta que no hay manera de estar seguro de que siempre será así no importa los millones de veces que haya sido cierta en el pasado.

Aquí debemos aclarar lo que queremos decir por validez y certidumbre. No son lo mismo. La certidumbre de una conclusión refiere a su verdad. La verdad es un predicado aplicable a oraciones individuales, no a sistemas de oraciones. La validez, por otro lado, se predica de un sistema de oraciones el cual se dice está interrelacionado lógicamente. En el caso del razonamiento inductivo nunca podremos estar seguros de que la conclusión será verdadera siempre; si las premisas son verdaderas y el argumento fuese deductivo se tendría certeza de esto. La razón por la cual no se puede estar seguro de lo anterior es que no hay una técnica para determinar la verdad necesaria de una conclusión obtenida por la vía de este tipo de razonamiento. Es decir, no existe una lógica inductiva. La validez de un argumento refiere a si el argumento como un todo es correcto, y por tanto, no es falaz. Para saber si el argumento es correcto o válido –no verdadero– tendríamos que tener un procedimiento que pudiese establecer dicha validez. Como el razonamiento inductivo no tiene reglas de lógica, no podemos establecer si un razonamiento particular es correcto o no. La lógica deductiva sí tiene procedimientos para establecer si dadas unas premisas verdaderas, se sigue que la conclusión es verdadera. Dicho de otra manera, si hubiera una lógica inductiva que nos permitiese preservar con seguridad la verdad de las premisas en la conclusión, el razonamiento inductivo tendría la misma clase de certidumbre que el razonamiento deductivo. En ausencia de esta lógica, no se puede alegar el mismo tipo de sostén para la conclusión inductiva que para la deductiva. Sea o no verdadera la conclusión inductiva, esto de por sí no establece la validez o peso del argumento.

Pero, ¿qué es un argumento? No es la conclusión nada más: es el sistema de premisas y conclusión. Así, en el caso anterior las premisas son las siguientes:

1. Hoy estaba bien nublado, la humedad relativa era alta,(90%), relampagueó y tronó; poco después llovió torrencialmente.

2. La semana pasada estuvo bien nublado, humedad relativa alta, relampagueó y luego llovió abundantemente.

3. Ayer, estaba bien nublado .... y llovió.

(Conclusión) Por tanto, siempre que esté bien nublado, la humedad relativa sea alta, relampaguee y truene, lloverá.

Ese sería el pretendido argumento. Digamos que las premisas son ciertas. En esos días sucedió lo que se alega. Se puede tener un millón de ellas, ciertas todas; pero la conclusión podría ser falsa porque algún día que se predijera que va a llover dada la inferencia inductiva, puede que ocurra que no llueva. Si aplicamos las reglas de validez de lógica deductiva, el argumento es inválido. En la lógica deductiva, la verdad de las premisas se preserva en la conclusión. No sería posible en un argumento válido tener premisas verdaderas y que la conclusión derivada fuese falsa. En un argumento lógicamente válido si las premisas son verdaderas la conclusión tiene que ser verdadera siempre. Se puede argumentar que no se deben usar las reglas de la lógica deductiva para criticar los razonamientos inductivos. A eso se contesta que si no se usa esta lógica, no podemos estar seguros de ninguna manera porque no hay reglas de validez para la lógica inductiva. De cualquier manera no se sabría si el argumento es bueno, correcto o no. Se podría justificar la conclusión en términos experimentales pero no en términos lógicos y no se podría estar seguro de que algunos días, no se sabe cuáles, los indicadores de lluvia se den, y ésta no se materialice.

Este razonamiento inductivo se usa cotidianamente resignado uno a la falta de seguridad, admitiendo sólo una mayor o menor probabilidad de la verdad de la conclusión, porque no se puede hacer otra cosa. En el caso de las generalizaciones empíricas en cualquier ciencia la situación es idéntica. Puede haber un registro numeroso de casos de cierta clase y generalizamos al universo posible de casos sabiendo que no podemos estar seguros de que será así en principio, aunque sea así de hecho en muchas ocasiones. Lo que hemos hecho en estos párrafos es demostrar la ilegitimidad de la conclusión, no su falta de verdad en algunos casos.

Generalmente este proceso inductivo ocurre temprano en el desarrollo del conocimiento. Las llamadas regularidades de la naturaleza que se obtienen por este proceso constituyen una etapa inicial del desarrollo de una ciencia. Es decir la existencia de estas regularidades es un acicate para que el investigador se pregunte por qué se dan éstas y proponga mecanismos y causas que justifiquen por qué las cosas ocurren así y no de otra manera. En una etapa más madura de la ciencia es que aparecen los sistemas teóricos más o menos amplios que intentan dar cuenta de las generalizaciones propuestas.

Pero aun en la etapa inductiva el proceso deductivo está presente. Una vez formulada la generalización anterior, se puede deducir de ella que cada vez que se den los indicadores mencionados lloverá. Esta es una conclusión deductiva cuya forma es la siguiente:

1. Siempre que esté nublado, haya humedad relativa alta, relampaguee y truene, lloverá.
2. Hoy está nublado, hay humedad relativa alta, relampaguea y truena.

Por tanto, hoy lloverá. Este razonamiento es válido, si las premisas 1 y 2 fuesen verdaderas, la conclusión lo sería también; es decir llovería. Si algún día no llueve, la falsedad de la conclusión no atenta contra la validez del argumento, atenta contra la verdad de sus premisas. La premisa 1 es falsa. Aunque la segunda premisa sea verdadera, la conclusión será falsa. Pero el argumento es válido.

Deducción

En un argumento deductivo la conclusión se sigue indefectiblemente de las premisas. Es decir, si se siguen las reglas de la lógica que enlazan los conceptos y proposiciones de una manera correcta, no se puede obtener otra. Es un sistema de oraciones, cuya última oración es la conclusión. Las reglas de esta lógica respetan los principios de identidad, tercero excluido y no contradicción, los cuales se discuten en el apéndice. En esta lógica sólo se admiten dos valores de verdad para las oraciones: toda oración tiene que ser verdadera o falsa. Por esta razón se llama *lógica bivalente.* El sistema de oraciones que constituye un argumento está ordenado por la relación de deducibilidad. Este orden es parcial. Es decir, la conclusión puede deducirse de las premisas, pero lo contrario no es posible. Se dice, por tanto que las premisas son más fuertes, lógicamente hablando, que la conclusión.

Como hay procedimientos en la lógica para establecer la verdad (o falsedad) de las oraciones, premisas y conclusión, es posible establecer que, si el argumento es válido o correcto, nunca habrá una conclusión falsa de unas premisas verdaderas. Repetimos que la lógica deductiva preserva, en la conclusión, la verdad de las premisas iniciales.

Esto no significa que lo contrario es cierto. Así, aunque una conclusión sea verdadera, sus premisas, todas o algunas pueden ser falsas. Asimismo, si la conclusión es falsa, hay que concluir que, al menos, alguna de sus premisas es falsa. Desde el punto de vista de las premisas, si éstas son falsas, la conclusión puede ser falsa o cierta. **Sólo si todas las premisas son verdaderas es que, si se ha respetado la lógica, la conclusión tiene que ser verdadera.**

Ejemplos de lo anterior

Ejemplo 1: *Conclusión verdadera con premisas falsas (argumento válido)*
1. Las estrellas son cuerpos imaginarios. (F)
2. Los cuerpos imaginarios son extremadamente calientes. (F)

Conclusión: Las estrellas son extremadamente calientes. (V)

Ejemplo 2: *Conclusión falsa con una premisa falsa*
1. Los conductores de electricidad son brillantes. (F)

2. Carbono conduce electricidad. (V)

Conclusión: Carbono es brillante. (F)

Ejemplo 3: *Conclusión verdadera con una premisa falsa*
1. Si Sócrates es mortal, Sócrates es un hombre. (F)
2. Sócrates es mortal. (V)

Conclusión : Sócrates es un hombre. (V)

Ejemplo 4 :
1. Las estrellas son hornos termonucleares. (V)
2. Sirio es una estrella. (V)

Conclusión: Sirio es un horno termonuclear. (V)

La conclusión tiene que ser verdadera si 1 y 2 son verdaderas porque este razonamiento es válido. El nombre de este argumento es *modus ponens*. El argumento para demostrar que el argumento vale es el siguiente.

La premisa 1 nos dice que ser estrella es condición suficiente para ser un horno termonuclear. La premisa 2 nos dice que Sirio cumple con esa condición suficiente. Una condición suficiente es aquella que basta para obtener el consecuente que en este caso es la conclusión, ser un horno termonuclear. Luego, el argumento es correcto. Si las premisas son verdaderas ambas y el razonamiento es correcto, la conclusión tiene que ser verdadera, porque si se razona bien la verdad se preserva o conserva.

En ciencia los argumentos deductivos se usan para explicar o predecir, partiendo de premisas que se suponen verdaderas (las teorías). La verdad de estas teorías se ha establecido, por otro lado, por modos no deductivos, por tanto, inciertos, a partir de la observación de fenómenos. Los fenómenos confirmatorios de la verdad de las teorías son aquellos que coinciden con las predicciones de éstas. En la sección de contrastación se discutirá a fondo la lógica implicada en el proceso confirmatorio. Vemos que, como el conocimiento científico es producto de razonamientos inductivos y deductivos la importancia de ambos procesos debe reconocerse.

Contrastación empírica

Las hipótesis y los sistemas de éstas, las teorías, tienen que ser susceptibles de contrastación experimental, si es que pertenecen a las ciencias de hechos. Esto quiere decir que en principio, se debe poder hacer un diseño experimental que permita poner a prueba una o más consecuencias particulares de los axiomas iniciales. Lo anterior implica que (1) las hipótesis científicas deben tener contenido empírico –es decir, deben referirse a entidades o propiedades supuestamente espacio temporales– y (2) los axiomas y cualesquiera oraciones iniciales usadas como premisas deben tener unidad lógica y semántica –sus conceptos deben estar enlazados y ser comunes y usados en un mismo sentido. Esto permitiría el encadenamiento lógico necesario para obtener consecuencias en principio observables.

Lo anterior no sería suficiente para la contrastación; habría que ver si efectivamente, estas consecuencias ocurren o no. Efectuar las experiencias necesarias y las medidas pertinentes para establecer si las consecuencias previstas ocurren es entonces, esencial en el proceso de contrastación empírica. Al final del proceso estaremos en posición de, o bien, admitir la hipótesis (teoría) bajo examen o rechazarla. Estas dos conclusiones deben analizarse para entender el alcance y validez de la aceptación o el rechazo.

Confirmación

Una hipótesis se confirma o rechaza en el seno de una o más teorías. No es posible confirmar o rechazar hipótesis individualmente. Las hipótesis se confirman mediante el examen de sus consecuencias y éstas envuelven otras hipótesis además de aquella que se está examinando. Todo investigador trabaja en un contexto de conocimiento particular: el vigente y el que él está considerando como posible. Supongamos que propone una hipótesis H como candidata para explicar algún fenómeno. Esta hipótesis no está suelta en el aire ni es ajena al esquema de conocimiento que el investigador maneja. La propone dentro de este esquema y la va a enlazar deductivamente con las partes del esquema que sean necesarias para determinar su posible verdad. Supongamos que de la hipótesis H y la teoría T se deduce un efecto E. El investigador determina qué medidas debe hacer y cómo y diseña la experiencia Z que le permitirá determinar si el efecto E se produce o no. Como resultado de esta experiencia, utilizando las reglas de correspondencia necesarias y los aparatos precisos determina que el efecto E ocurre. El investigador proclama que la obtención experimental del efecto E, el cual había sido previsto o predicho deductivamente por la hipótesis (casi nadie menciona la teoría dentro de la cual se trabaja, pues se la da por cierta) confirma la hipótesis H. Esto, si el investigador es cauteloso; de lo contrario, proclama que ha probado la hipótesis H. Hasta aquí suena bien, y parecería que la prueba o confirmación está fuera de duda. Cuidado.

Veamos la forma de este argumento esgrimido por el investigador:

Premisa 1: Si H (y T), entonces E.
Premisa 2: E

Conclusión: H (y T)

Desafortunadamente, lo primero que hay que aceptar es que el argumento no es tal. Todo argumento para serlo tiene que ser válido. El sistema de oraciones anterior constituye una falacia que se conoce como *la falacia de la afirmación del consecuente.*

Habíamos dicho que un argumento exige que si las premisas son verdaderas, la consecuencia tiene que ser verdadera. No es que de hecho, sea verdadera en algunos casos, sino que tiene que ser verdadera siempre. Si el argumento anterior se analiza asignándole los valores posibles de verdad a cada una de sus partes veríamos que en un caso, aun cuando ambas premisas fuesen verdaderas, la conclusión sería falsa. Este resultado demuestra que no se han respetado las reglas básicas de la lógica bivalente; o, dicho de otra manera, que el argumento como tal, resulta inválido. Cualitativamente hablando, para ayudar a ver esto podría decirse que no podemos aceptar el siguiente teorema: Si se conoce el efecto, se conoce la causa. Desgraciadamente, lo que es aceptable es el converso de este teorema: Si sabemos la causa, sabemos el efecto.

El "argumento" no es tal, es una falacia. ¿No sirve para nada? Sirve, si admitimos que la confirmación no es deductiva, si estamos dispuestos a aceptar un razonamiento no deductivo como evidencia favorable para la hipótesis. Dado que no queda otro remedio, aceptamos el argumento del investigador como *una confirmación no deductiva* de la hipótesis propuesta sabiendo que el carácter de la confirmación no es seguro. Si el razonamiento fuese deductivo, recuérdese que si las premisas fuesen verdaderas, la conclusión tendría que ser verdadera. Una confirmación inductiva implica que la conclusión –que en este caso es que la hipótesis H es correcta– no tiene una verdad garantizada aunque las premisas fuesen verdaderas. Después de este examen se puede ver que las confirmaciones son siempre tentativas, aunque uno puede suponer que a mayor número de confirmaciones, más segura es ésta. Esta suposición será psicológicamente atractiva, pero no tiene fundamento racional (lógico): muchas cosas inciertas no suman a certidumbre. Siguen siendo tan inciertas como antes. Pero, así es como funciona la parte de confirmación en la ciencia experimental. Así, con estas limitaciones, es que alegamos que hemos confirmado las hipótesis de las teorías o que nuestras teorías son verdaderas o aceptables.

Lo anterior puede entenderse mejor si se piensa que la hipótesis confirmada es una que permite refinamiento. Es decir, alegamos que la hipótesis H causaba E y E apareció. Pero pudiera ser que no fuese debido a H, sino a alguna otra causa la cual es parte de H.

Un ejemplo familiar de esto es cuando se decía que el mal funcionamiento del páncreas era la causa de una condición diabética. Esta causa era muy amplia. El mal funcionamiento de una parte del páncreas sería un refinamiento de esta hipótesis, y el señalamiento de cuál parte del páncreas sería todavía una causa preferible. Si se conociese el mecanismo del funcionamiento, sería todavía mejor. Pero cualquier evidencia a favor de que el páncreas es la causa, serviría desde luego de evidencia en favor de que una parte del páncreas lo es.

Falsación

Como culminación del proceso experimental, puede que no haya acuerdo significativo entre una consecuencia lógica de la hipótesis bajo examen y el dato obtenido por observación. En este caso, como en el anterior, debemos examinar el significado y el alcance de lo ocurrido. Hay que recordar que la previsión o consecuencia lógica a compararse es producto de la combinación lógica de la hipótesis junto con la teoría. Lo sucedido se puede expresar simbólicamente así, siguiendo lo dicho en la sección anterior.

Premisa 1   Si (H y T) entonces E

Premisa 2   Es falso que E (Es decir no se obtuvo E, el resultado predicho)

Conclusión: Es falso que (H y T) (Es decir la conjunción H y T es falsa.)

Ese argumento es sólido. Es fácil argumentar que es válido si se recuerda que en el condicional hipotético, el consecuente es condición necesaria del antecedente. El consecuente es E. Es decir, es necesario que E se cumpla para que H y T se cumplan, si E no se cumple, es necesario que H y T tampoco se cumplan. Luego resulta *falsada* la conjunción de la hipótesis que tenemos a prueba y la teoría dentro de la cual la estamos manejando. Hasta aquí lo deductivo. Ahora hay que hacer un juicio no deductivo sobre lo que puede significar que la conjunción H y T sea falsa. Cuando una conjunción es falsa, uno de los conjugados, al menos, tiene que ser falso. Es decir, o bien H es falsa o bien T es falsa o las dos lo son. El investigador tiene que decidirse por la teoría principal o por la hipótesis. Generalmente la teoría como sistema está mejor cimentada que la hipótesis generada para dar cuenta del problema propuesto por el que investiga. Por ello, se dice que este proceso falsa la hipótesis propuesta. Se rechaza por incompatibilidad con un sistema el cual parece estar bien evidenciado. Pero de esto no tenemos ninguna seguridad lógica. Es un juicio razonable pero inseguro. Claro está, esto no es tan simple. No se rechaza la hipótesis de inmediato. Pues cuando un experimento resulta ser un caso de falsación, generalmente se repite y no siempre de la misma manera. Se pueden controlar mejor las condiciones del mismo, puede haber una corrección en el control de variables que se sospeche puedan interferir, etc. Sólo después de agotar lo que parece esencial en el momento, es que se abandona la hipótesis falsada aunque sea por el momento, para sugerir otra en su lugar.

En resumen, la ciencia pretende representar mediante sistemas ideales a los sistemas reales –los del mundo–. Esto lo hace construyendo (no deductivamente ni de modo inductivo estricto) sistemas teóricos amplios que permitan deducir consecuencias que se puedan poner a prueba o se hayan ya observado. Si las consecuencias se dan, se acepta tentativamente el sistema teórico y se sigue investigando dentro de este marco. Esta es una de las funciones importantes de la teoría –orientar la investigación. Si las consecuencias no se dan y esto se corrobora, se formulan hipótesis alternas para substituir la rechazada. Si el número de casos anómalos es grande (o pequeño –depende del teórico–) se replantea o toda la teoría o partes importantes de ella. Y entonces se ha incurrido en una reinterpretación de la realidad. Y como la capacidad de proponer problemas parece ser infinita, la actividad científica parece ser abierta: es decir, sin fin.

El estudio de la historia de la ciencia muestra este carácter dinámico, fascinante de la ciencia. Este intenta el progreso el cual no necesariamente se da linealmente, sino muchas veces, en forma zigzagueante.

GLOSARIO

1. Axioma:	hipótesis de una teoría, que tiene independencia lógica del resto de las hipótesis; contiene términos primitivos.
2. Ciencia empírica:	ciencia experimental, refiere a objetos espacio-temporales.
3. Ciencia formal:	ciencia que refiere a objetos ideales y no dice relación con la experiencia sensible.
4. Contrastación:	puede ser teórica o experimental; es un proceso mediante el cual se validan las teorías de la ciencia. Está basado en la coherencia de éstas con el resto de las teorías vigentes en el primer caso o la adecuación de las predicciones de las teorías con las experiencias en el segundo caso.
5. Datos:	son descripciones de aspectos de algún hecho. Sintácticamente deben tener un sujeto singular. Cuenta como sujeto singular un número finito de casos individuales o un número indeterminado pero finito (varios, algunos, muchos, etc.) de ellos. También los resultados de operaciones estadísticas como promedios, coeficiente de correlación, dispersión, etc).
6. Deducción:	conclusión a partir de premisas derivadas utilizando a las reglas de inferencia permitidas en la lógica clásica bivalente. No se pueden violentar la regla o principio de identidad, la del tercero excluido y la de no contradicción. En este proceso se garantiza la conclusión a partir de la verdad de las premisas. Es decir, si las premisas de un argumento válido son verdaderas, la conclusión tiene que ser verdadera.
7. Definición:	en una definición real o esencial el término definido es equivalente a lo que define. Esto último constituye las condiciones necesarias y suficientes de lo definido. Por ello son sustituibles el uno por el otro.
8. Generalización:	universalización hecha a partir de un número finito de casos o instancias. El sujeto es universal, sin restricciones espacio-temporales. Se reclama que lo que se dice en la generalización vale para todo tiempo y lugar. Ejemplo: Se examina un número de gases, los cuales se enfrían al expandirse a presión constante. Se puede generalizar de la manera siguiente: "Todos los gases se enfrían al expandirse a presión constante". Esta es una conclusión inductiva. Si lo que se reclama al decir lo anterior es que la conclusión se refiere a los casos examinados, entonces cualificaría como dato, por ser una conjunción finita de casos.

[1] Por Mydiah M. de Mariani

9. Hecho:

este término refiere o hace referencia a todo lo que ocurre en nuestras dimensiones. Se trata de lo que es, en principio, observable. Hay distintas clases de hechos: los objetivos, los fenoménicos, los acaecimientos, los procesos y los sistemas concretos. Los hechos objetivos son los existentes que no han podido ser objeto de observación por un sujeto. Los fenoménicos son aquellos que han estado bajo la observación de un sujeto; los acaecimientos son de duración breve relativa a los procesos y éstos son cadena causales y temporales de acaecimientos. Los sistemas concretos son las cosas. Por existente nos referimos a un sistema que tiene existencia extramental. Es decir, lo que es, en principio, intersubjetivable por la observación controlada por instrumentos.

10. Hipótesis:

conjetura explicativa postulada para dar cuenta de fenómenos y sus descripciones (datos) o para justificarlos, si es una hipótesis factual o perteneciente a las ciencias experimentales. Hay diferentes clases de hipótesis según su rango lógico. (Ver axioma, generalización empírica, teorema y rango lógico).

11. Inducción:

proceso de razonamiento que, a diferencia del razonamiento deductivo, no garantiza la verdad de la conclusión aunque las premisas sean verdaderas. Es más incierto y la conclusión no representa una consecuencia lógica a partir de las premisas. Es el razonamiento utilizado cuando se universaliza o generaliza y se podría alegar que es el utilizado en la contrastación empírica, particularmente en la confirmación de hipótesis.

12. Objeto ideal:

objeto que no tiene contrapartida espacio-temporal, se puede decir que tiene una existencia mental. Es el objeto de estudio en las ciencias formales; en matemáticas, las líneas, las esferas, conjuntos, puntos son ejemplos de esto; en la filosofía el ser es otro ejemplo.

13. Objeto concreto:

objeto espacio-temporal; las sillas, animales, son ejemplos de esto; los sistemas como los campos magnéticos y eléctricos también lo son.

14. Rango lógico:

en un sistema deductivo se dice que los componentes tienen diferente rango lógico porque tienen diferente fuerza lógica. Este término refiere a la cantidad de consecuencias derivables del componente particular de que se trate. Los axiomas son los de mayor rango lógico, son los más fuertes porque de ellos se deduce un número mayor de consecuencias lógicas que de un teorema particular. Están, pues, más arriba en el argumento lógico.

15. Teoría:

es un sistema de hipótesis parcialmente ordenadas por la relación de deducibilidad de suerte que se puedan derivar de ellas consecuencias lógicas en la dirección de lo que es más fuerte a lo que es más débil, lógicamente hablando. Es decir, se puede deducir de los axiomas, que son los que tienen mayor rango lógico, a las previsiones singulares y no al revés. Si las hipótesis son factuales, se tiene una teoría científica que puede ser contrastada experimentalmente; si las hipótesis son formales se tiene una teoría formal de lógica, filosofía o matemática.

16. Teorema:

consecuencia lógica en una teoría científica. Si se trata de un teorema de una ciencia fáctica, experimental, se le llama una ley. Los teoremas tienen diferentes rangos lógicos. Los que se deducen de axiomas y definiciones tienen un nivel más alto que los que se deducen de axiomas, definiciones y teoremas. Los que tienen un nivel más alto de generalidad tienen mayor rango (y fuerza) que los que tienen menor grado de generalidad. Así, una ecuación diferencial expresa un teorema de nivel más alto que la integración de ese diferencial. A su vez, si se fijan uno o más parámetros en la ecuación integrada se tienen diferentes grados de generalidad.

PARTE I

MOVIMIENTO CELESTE

BREVES COMENTARIOS EN TORNO A LA TEORÍA GEOCÉNTRICA*

¿Cómo es el universo? ¿Cuál es su estructura? ¿Cómo explicar los movimientos de los cuerpos celestes? Las contestaciones a estas y otras preguntas no pueden surgir de la sencilla contemplación del universo, simplemente, por lo inmenso del mismo. No podríamos remontarnos más allá del universo para ver entonces cómo es y cómo funciona. No obstante, estas preguntas sí se pueden contestar por medio de conjeturas o suposiciones. Éstas pueden ser de una jerarquía mayor o menor y se conocen como teorías, leyes, hipótesis y generalizaciones empíricas.

Una de las teorías más importantes y antiguas de que se tiene conocimiento y que trata de buscar una respuesta a las preguntas anteriores es la que se conoce como la Teoría Geocéntrica. Según los registros, data desde el siglo II d.C., pero sus antecedentes se remontan hasta mucho antes, tal vez a los tiempos de Platón, como mínimo. Su máximo exponente y forjador fue el célebre Claudio Tolomeo quien publicó un tratado (*El Almagesto*) en el que exponía esta intrincada e ingeniosa forma de explicar el universo, el *mismo* de siempre, pero percibido de manera muy diferente en aquellos tiempos. Esta percépción parte desde lo directamente observado, sin el respaldo de los instrumentos que se desarrollaron al transcurrir los siglos. La formación, altamente dosificada con lo espiritual, lo profundamente religioso, propiciaron que el limitado equipo sensorial humano produjera unas suposiciones cónsonas con tales circunstancias. Estas suposiciones, también llamadas Supuestos, Principios, Postulados o Axiomas fueron adaptadas por Tolomeo ("lo que se sabía") para poder explicar el universo. ¿Y qué era "lo que se sabía"? Se sabía, entre otros tantos conocimientos, que *tanto la materia como la naturaleza celeste eran diferentes a sus contrapartes en el mundo terrestre: la perfección de los cielos frente a la realidad de la imperfección del mundo terrestre; que la Tierra (pesada), estaba inmóvil en el centro del universo, mientras que el cielo, (liviano y esférico) giraba en torno a ella; y que el círculo era la figura geométrica perfecta.*

Era de esperarse que Tolomeo utilizara una combinación de esferas y círculos para explicar la estructura del universo y su funcionamiento. De este modo se sometía a los requerimientos de Platón, quien muchos años atrás (600 aproximadamente) había exigido el uso de círculos y esferas

---

* Por Rafael Ortiz Vega y Eva Arzola de Calero.

para tal empresa. Tolomeo luego tuvo que recurrir al uso de otros recursos geométricos y definiciones para poder dar cuenta de los complicados movimientos de los cuerpos celestes. Entre estos se pueden mencionar los epiciclos, los deferentes y las órbitas excéntricas.

Se puede sostener que la fortaleza principal del sistema tolemaico o geoestático era su dependencia de la *observación directa* porque según reza el dicho, *no hay peor ciego que el que no quiere ver.* Pero, tal vez, lo que daba confianza casi absoluta en la aceptación del sistema era las firmes creencias basadas en la inmortalidad de los dioses, la perfección del cielo y del círculo en comparación con la vida breve y pecaminosa de los humanos en una Tierra pesada y que, por tanto, debería de estar inmóvil en el centro, hacia lo cual cae todo lo pesado, como muy fácilmente se puede confirmar con sólo lanzar un objeto de relativo peso hacia arriba. Los cuerpos celestes no caen. Por estar constituidos de materia celeste, sublime y liviana, estos giran alrededor de la Tierra, todo para disfrute nuestro. El ser humano, hecho a imagen y semejanza de Dios constituye la obra cumbre de la creación. Por tanto, fue colocado por Él en el centro del universo.

La lectura que sigue es una selección de los pasajes más importantes de la obra de Claudio Tolomeo, *El Almagesto*.

EL ALMAGESTO[*] [**]

POR CLAUDIO TOLOMEO (Siglo II d. C.)
SOBRE EL ORIGEN DE LOS TEOREMAS

Empezaremos este tratado considerando la relación que guarda la Tierra como un todo con el universo. En primer lugar, hablaremos de la posición del círculo inclinado y de los lugares de la Tierra que nosotros habitamos, así como también de las diferencias que existen entre ellos debido a las diferentes inclinaciones de sus respectivos horizontes. En segundo lugar, consideraremos los movimientos del Sol y de la Luna y los fenómenos que dependen de ellos. Pues sin estos conocimientos preliminares sería imposible desarrollar con éxito una teoría sobre las estrellas. Finalmente, consideraremos las estrellas, el problema principal de este tratado, tomando primero la esfera de las estrellas "fijas" y luego las esferas de las cinco estrellas errantes.

Intentaremos demostrar cada una de estas cosas usando, como principio y base de nuestros descubrimientos, los fenómenos mismos y aquellas observaciones hechas por los antiguos y por nuestros contemporáneos que han sido establecidas sin lugar a dudas, deduciendo las consecuencias de estos conceptos por medio de demostraciones analíticas acompañadas de diagramas.

Nuestra discusión estará por entero basada en los cinco puntos siguientes, que aceptamos desde un principio:

1°. Que el cielo es de forma esférica y se mueve en la forma de una esfera;

2°. Que la Tierra, considerada en conjunto, es prácticamente esférica;

3°. Que la Tierra está localizada en el medio del universo y muy cerca del centro;

4°. Que el tamaño de la Tierra y su distancia del centro es un mero punto, en relación a la esfera de las estrellas[1] "fijas";

5°. Que la Tierra no sufre ningún movimiento de desplazamiento.

---

[*] Selección traducida y adaptada del *Almagesto,* de Claudio Tolomeo.

[**] Versión revisada y actualizada extraída de *Selección de Textos de Ciencias Físicas;* Editorial de la Universidad de Puerto Rico, 14 ed., 2003.

POSTULADO I: *El cielo se mueve en la forma de una esfera.*

Observaciones como las siguientes fueron suficientes para que los antiguos se formaran sus primeros conceptos del cielo. Ellos veían, en efecto, que el Sol, la Luna y las estrellas se mueven de este a oeste, en círculos paralelos: salen como por debajo de la Tierra misma, suben poco a poco hasta una altura máxima, descienden luego de una manera similar, se hunden y finalmente desaparecen como si cayesen dentro de la Tierra; y después de un tiempo de estar fuera de la vista, vuelven a salir y luego a ponerse de igual manera, repitiendo exactamente las mismas trayectorias por los mismos sitios de salida y puesta, en las mismas épocas.

La revolución circular de las estrellas que están siempre sobre el horizonte del observador contribuye mucho al concepto de la esfericidad, ya que dicha revolución ocurre alrededor de uno y el mismo centro para todas las estrellas. Este punto se escoge necesariamente como el polo de la esfera celeste; las estrellas que están más cerca de él se mueven en círculos menores, y las otras que están más lejos describen círculos mayores, en proporción a su distancia. Entre estas estrellas que se ponen, se ve que aquellas más cercanas a las estrellas circumpolares permanecen menos tiempo fuera de la vista y aquellas más lejanas permanecen escondidas por más tiempo según aumenta su distancia del polo. Esto fue suficiente, al principio, para dar origen al concepto de la esfericidad del cielo y luego a la teoría conforme a la cual se pueden entender todos los demás fenómenos de una manera simple, como consecuencias lógicas, ya que estos fenómenos son absolutamente contrarios a cualquier otro concepto.

Supongamos, pues, como algunos astrónomos ya han sostenido, que los cuerpos celestes se moviesen a lo largo de líneas rectas de infinita longitud. Esta es la premisa más pobre que se puede utilizar para explicar cómo estos cuerpos reaparecen cada día en los lugares donde comenzaron su movimiento. ¿Cómo pueden regresar si van al infinito y llevan siempre la misma dirección? O, si de nuevo regresan sobre sus pasos, ¿cómo pueden hacerlo sin ser vistos? ¿O cómo desaparecen sin disminución notable en tamaño? Sería absurdo suponer que los cuerpos celestes se encienden al despegarse del horizonte y que luego se extinguen al regresar a él. Pues, si se postula un orden tan noble, es decir, que tanto los tamaños y las magnitudes como las distancias, los lugares y el tiempo se conservan por azar, de suerte que se vean constantes; si admitimos que una parte de la Tierra tiene la habilidad para encender y otra, para extinguir estrellas; y aún más, que la misma parte enciende estrellas para algunos observadores y las extingue para otros; y que las mismas estrellas son encendidas o extinguidas para un observador, pero no para otros; si como digo, se postulan cosas tan ridículas, ¿qué podremos decir acerca de las estrellas que están siempre visibles, y que ni salen ni se ponen? Más aún, no puede ocurrir que las mismas estrellas se prendan y extingan para ciertos lugares y no para otros, pues es bien reconocido que algunas estrellas salen y se ponen para ciertos lugares y no para otros. En una palabra, cualquier movimiento distinto del esférico que supongamos para los cuerpos celestes requiere que las distancias de la Tierra al cielo y sus partes, en cualquier lugar que esté la Tierra, y en cualquier manera en que esté situada, sean desiguales. En ese caso, las magnitudes y las distancias de los cuerpos celestes no permanecerían constantes para los mismos observadores durante cada revolución, y, por tanto, las estrellas se alejarían primero a grandes distancias para luego acercarse a una menor distancia. Sin embargo, no se observa que ocurra tal cosa.

Otras razones para sostener el concepto de la esfericidad del movimiento de los cuerpos celestes son las siguientes: primero, que los instrumentos para indicar el tiempo, a saber, los relojes de sol, no podrían ser precisos sobre cualquier otra hipótesis que no sea la nuestra. Además, la revolución de los cuerpos celestes se efectúa rápidamente y sin obstrucción, y la figura más favorable a ese movimiento es el círculo en el espacio bi-dimensional, y la esfera en el espacio tri-dimensional. Finalmente, ya que de todos los distintos polígonos del mismo perímetro, los mayores son los que más ángulos tienen, entonces el círculo es el mayor en el espacio bi-dimensional, la esfera es el mayor en el espacio tri-dimensional y el cielo el mayor de todos los objetos.

POSTULADO II: *La Tierra es prácticamente esférica en la totalidad de sus partes.*

Podemos aceptar mejor el concepto de que la Tierra es prácticamente esférica con las siguientes consideraciones. Se observa que el Sol, la Luna y los otros cuerpos celestes ni salen ni se ponen al mismo tiempo para todos los habitantes de la Tierra, sino primero para aquellos que están al este, y luego para los del oeste. Porque encontramos que los fenómenos de los eclipses, particularmente los de Luna, que siempre ocurren a un mismo tiempo para todo el mundo, no son, por esa razón, vistos a la misma hora con relación al mediodía, pero que, en cualquier caso, la hora es más tardía para los observadores del este y más temprana para los del oeste. Ahora, como la diferencia entre los tiempos cuando un observador y otro ven estos eclipses es proporcional a la distancia entre sus respectivas posiciones, se puede concluir que la superficie de la Tierra es ciertamente esférica y que la uniformidad de su curvatura se extiende totalmente; de lo que resulta que cada una de las partes constituye un obstáculo para las siguientes, limitando en esa forma la vista del todo. Esto no sucedería si la Tierra tuviese otra forma, como se puede ver del siguiente razonamiento: si la superficie terrestre fuese cóncava los habitantes de la parte oeste serían los primeros en ver salir los cuerpos celestes; si fuese un plano, todos los habitantes los verían salir y ponerse al mismo tiempo; si estuviese formada por triángulos, cuadriláteros o polígonos de cualquier forma, todos los habitantes del mismo plano observarían los fenómenos al mismo tiempo; pero tales cosas no ocurren. Es también evidente que la Tierra no es un cilindro desde cuya superficie pueden verse las salidas y puestas de los cuerpos celestes, y cuyas bases dan hacia los polos de los cielos, premisa

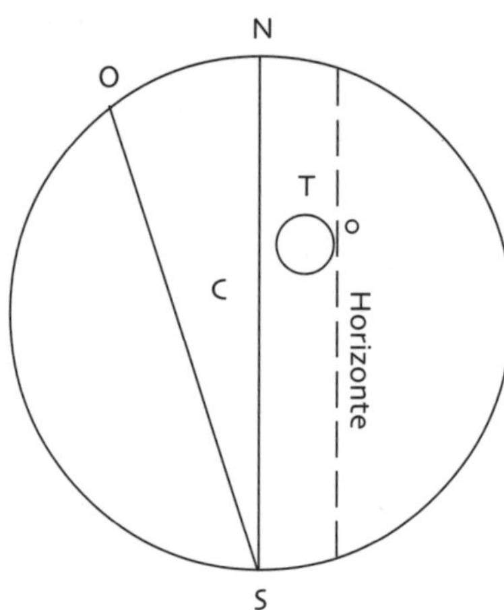

Fig. 1 "Esfera recta" vista cuando la Tierra no está en el eje.
Este es el caso en que el horizonte del observador está paralelo al eje celeste; y por tanto, el observador está en el ecuador de la Tierra. Tolomeo argumenta que no habría días y noches de igual longitud en este caso.

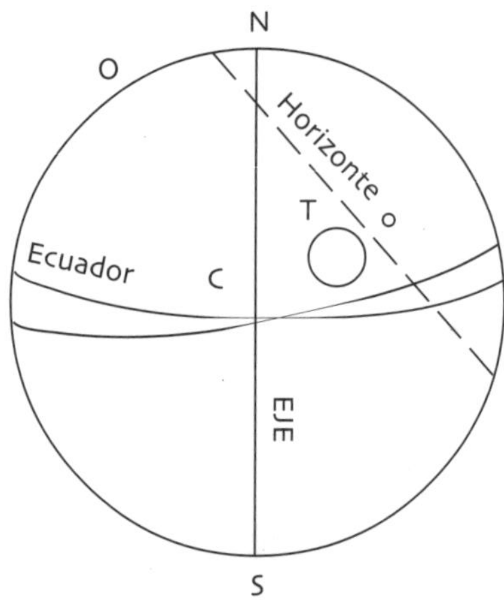

Fig. 2 "Esfera oblicua" vista cuando la Tierra no está en el eje.
Este es el caso más general, cuando el horizonte del observador no está paralelo al eje. Tolomeo sostiene que en este caso: (1) habría intervalos desiguales entre el equinoccio de primavera y el solsticio de verano, y desde el otoño hasta el solsticio de invierno. (2) el círculo equinoccial (ecuador celeste) no cortaría el horizonte en dos partes iguales.

que se podría juzgar más probable; pues, si tal fuese el caso, no habría estrellas siempre visibles, sino que, por el contrario, algunas estrellas saldrían y se pondrían para todos en la Tierra, y algunas estrellas hasta cierta distancia de cada polo serían invisibles para todo el mundo. Sin embargo, mientras más nos acercamos a la constelación de la Cacerola Grande, descubrimos más estrellas que nunca se ponen, y al mismo tiempo, las estrellas del sur desaparecen de la vista en la misma proporción. Por tanto es evidente que aquí también, a lo largo de la dirección norte-sur, por efecto de la curvatura uniforme de la Tierra, cada parte forma un obstáculo para las partes adyacentes, lo cual prueba que la Tierra tiene una curvatura esférica en todas direcciones. Finalmente, en el mar, si en cualquier punto y en cualquier dirección nos movemos hacia las montañas o hacia cualquier lugar elevado, las vemos como si saliesen del mar donde aparentemente estaban escondidas por la curvatura de la superficie del mar.

POSTULADO III: *La Tierra está en el centro del cielo.*

Del problema de la forma de la Tierra pasamos al de su posición, y reconocemos que solamente entendemos los fenómenos si suponemos que la Tierra está en el centro del cielo, como si estuviese en el centro de la esfera. Pues, si no fuese así, entonces la Tierra tendría que estar: *a)* fuera del eje a una misma distancia de cada polo; o *b)* en el eje, más cercana a uno de los polos; o *c)* ni en el eje ni a la misma distancia de cualesquiera de los polos.

Para probar que la primera de las tres suposiciones es falsa, vemos que si la Tierra estuviese en un lado o el otro del eje del cielo, algunos puntos de la superficie terrestre estarían por sobre o por debajo del eje, y que si esos puntos estuvieran situados como para ver la "esfera recta" no habría equinoccios, ya que en ese caso el horizonte del observador siempre dividiría el cielo en dos partes desiguales. Para observadores localizados en la posición de ver una "esfera oblicua", o no habría equinoccios, o éstos no ocurrirían exactamente entre los solsticios, siendo estos intervalos de tiempo necesariamente desiguales conforme a esta hipótesis; y el horizonte no estaría dividido en dos partes iguales por el círculo equinoccial, el mayor de los círculos paralelos descritos por la revolución alrededor de los polos, sino por uno de los círculos paralelos a éste, hacia el norte o hacia el sur. Sin embargo, todos están de acuerdo en aceptar el hecho de que para todos los lugares de la Tierra, el intervalo de tiempo durante el cual la longitud de los días aumenta, desde el equinoccio de primavera hasta el solsticio de verano, es igual al intervalo de tiempo durante el cual la longitud de los días disminuye, desde el equinoccio de otoño hasta el solsticio de invierno. Además si la Tierra se desplazara hacia el este o el oeste, los tamaños y las distancias de los cuerpos celestes en el horizonte no se verían iguales desde cualquier punto en la superficie terrestre, en la mañana o en la tarde; y los tiempos entre la salida y llegada al meridiano no serían iguales a los tiempos requeridos para que esas mismas estrellas se moviesen del meridiano hasta donde se ponen. Sin embargo, todo el mundo está de acuerdo en que esto último es contrario a las observaciones.

En cuanto a la segunda hipótesis, que sitúa a la Tierra en el eje del cielo, pero más cerca de un polo que del otro, se podría objetar que en ese caso el plano del horizonte en cualquier latitud cortaría el cielo en dos partes desiguales, una por encima, y otra por debajo de la Tierra, porque la Tierra no está en el centro. Cortaría el cielo en dos partes casi iguales solamente donde el observador está localizado para ver la "esfera recta". Pero desde donde se ve la "esfera oblicua" y el polo más cercano es siempre visible, la parte del cielo sobre la Tierra sería menor y la parte del cielo inferior sería mayor.

Además, el círculo máximo que pasa por el centro del zodíaco estaría dividido en dos partes desiguales por el horizonte. Esto nunca se observa. Por el contrario, seis de las doce divisiones aparecen siempre sobre la Tierra, siendo las otras seis invisibles; y cuando las seis inferiores aparecen sobre el horizonte, las otras seis son invisibles a su vez. Esto prueba que las divisiones del zodíaco están separadas en dos mitades por el horizonte y que uno de los dos semicírculos iguales siempre está completamente por encima o por debajo de la Tierra.

Y en general, si la Tierra no estuviese situada en el círculo equinoccial, sino más cerca de uno u otro polo, ya sea el del norte o el del sur, sucedería que durante los equinoccios la sombra de un gnomon proyectada desde el este no quedaría en línea recta con la sombra proyectada al atardecer. Sin embargo, esto nunca ocurre, demostrando así que la tercera suposición tampoco es admisible, ya que las razones que prueban lo absurdo de las primeras dos, se aplican igualmente para descartar la tercera.

Resumiendo, si la Tierra no ocupase el centro del universo, el orden que observamos en el alargamiento y acortamiento de los días y de las noches sería interrumpido y confuso. Además, los eclipses de Luna no ocurrirían en un lugar del cielo, *diametralmente* opuesto al Sol, pues la Tierra no estaría situada frecuentemente entre puntos diametralmente opuestos, sino a distancias menores que un semicírculo.

POSTULADO IV: *La Tierra es sólo un punto en relación al espacio celeste*

Como los tamaños y las distancias de los cuerpos celestes observados desde cualquier punto de la Tierra siempre parecen iguales y semejantes en todos los lugares desde los cuales son observados al mismo tiempo y, como las observaciones de las mismas estrellas, hechas en distintos climas, no demuestran diferencias entre sí, es claro que la Tierra es esencialmente un punto en relación con la esfera de las estrellas fijas. Por tanto, los gnomons de los relojes de sol y los centros de los astrolabios colocados en cualquier punto en la Tierra muestran la apariencia y circunvoluciones de las sombras con tanta precisión y conformidad con los fenómenos en cuestión como si estos instrumentos estuviesen situados en el centro de la Tierra.

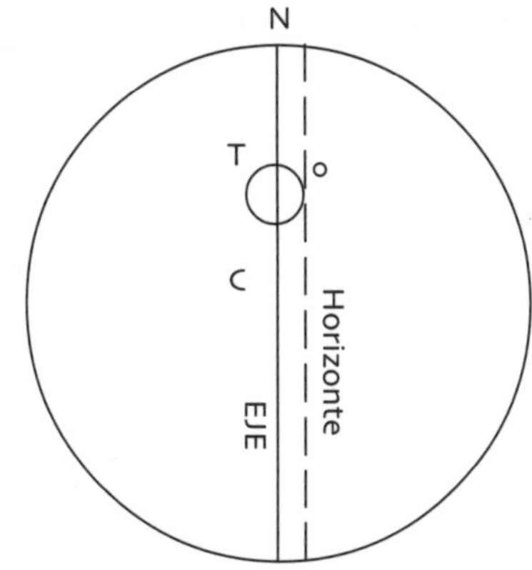

Fig. 3 "Esfera recta" vista cuando la Tierra está fuera del centro pero en el eje.

Este es el caso cuando el horizonte del observador está paralelo al eje, esto es, cuando el observador está en el ecuador de la Tierra y, por tanto, su horizonte cortaría el cielo en dos partes casi iguales.

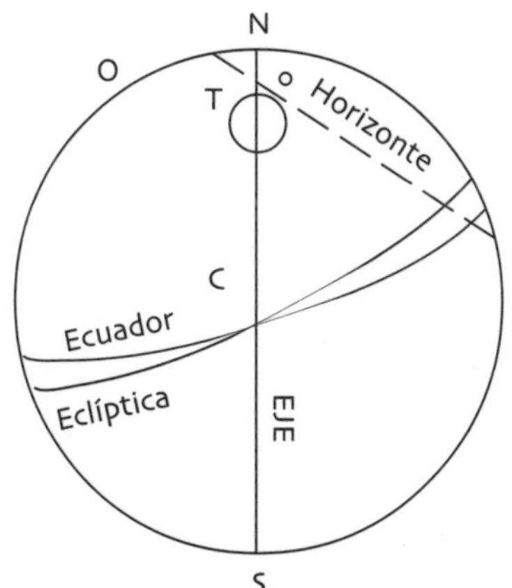

Fig. 4 "Esfera oblicua" vista cuando la Tierra está fuera del centro, pero en el eje.

Este es el caso más general donde el horizonte del observador no está paralelo al eje. Tolomeo sostiene que en este caso: (1) el cielo estaría dividido en partes desiguales por el horizonte. (2) el círculo oblicuo (eclíptica) estaría dividido en partes desiguales por el horizonte.

Por último, otra prueba clara es que todos los planos que pasan por nuestros ojos y que llamamos horizontes siempre cortan el cielo en dos partes iguales, lo que no ocurriría si el tamaño de la Tierra fuese una fracción considerable de la distancia al cielo; pues en ese caso, solamente el plano que pasara por el centro de la Tierra cortaría al cielo en dos mitades, y el plano horizontal a través de cualquier punto en la superficie de la Tierra tendría una mayor parte bajo la Tierra que por encima.

POSTULADO V: *La Tierra no tiene ningún movimiento de traslación.*

Por una prueba similar a la anterior (en el Postulado III) se podría demostrar que es posible que la Tierra no tenga movimiento en ninguna dirección y que no se pueda mover del centro del cielo. Porque si así fuera, se obtendrían los mismos resultados como si estuviese ocupando una posición fuera del centro.

....

Por otro lado, los cuerpos pesados compuestos por partes macizas tienden hacia el centro de la Tierra y nos parecen caer "hacia abajo", ya que así es como llamamos la dirección de lo que está bajo nuestros pies en dirección del centro de la Tierra. Pero uno debe creer que deberían ser detenidos como por el centro de la Tierra por efectos opuestos a su impacto y fuerza. En estos términos, por tanto, podríamos concebir adecuadamente que toda la masa de la Tierra, que es tan considerable en comparación con los cuerpos que caen hacia ella, recibe la fuerza de la caída sin que su peso ni su velocidad le comuniquen a ella el menor movimiento. Pero si la Tierra cayese como los demás cuerpos pesados, los superaría por efecto de su mayor masa; y tanto los animales como los objetos pesados quedarían suspendidos en el aire, mientras que la Tierra eventualmente caería velozmente fuera del cielo. Todas estas consecuencias son demasiado ridículas, hasta para ser imaginadas.

Ahora bien, hay algunos hombres (Aristarco de Samos) que, debido a que nadie se les opone, sostienen que nada puede evitar la suposición, por ejemplo, de que el cielo es inmóvil, y que, o la Tierra vira sobre su propio eje de oeste a este, efectuando esta revolución aproximadamente una vez en un día, o que ambos, el cielo y la Tierra, giran un poco sobre un mismo eje como hemos dicho y de una manera conforme a las relaciones que se observan entre ellos.

Contestaremos a estos hombres que, por un lado, nada en los fenómenos de las estrellas nos impide formular la hipótesis más simple, pero que, si consideramos con más detenimiento los fenómenos del espacio, veremos cuán ridícula es su opinión.

....

Si la rotación de la Tierra fuese mayor que todos los movimientos de los cuerpos que la rodean, en corto tiempo resultaría que todas las cosas que no están agarradas a la Tierra parecerían llevar el mismo movimiento opuesto a aquel de la Tierra; y ninguna nube, o pájaro, o cosa alguna que fuese lanzada jamás parecería moverse hacia el este, ya que la Tierra las sobrepasaría y aparentemente retrocederían hacia el oeste.

Existen dos movimientos primarios distintos en el cielo.

Las anteriores hipótesis, que han sido consideradas suficientemente aunque con brevedad, constituyen una introducción preliminar indispensable a los detalles que ahora consideraremos, y nos servirán para las inferencias que haremos. Además, serán confirmadas por su concordancia con los fenómenos, lo cual demostraremos más adelante. Antes de proseguir, sin embargo, debemos mencionar otro principio más, y es que el cielo tiene dos movimientos primarios distintos. El primero de estos movimientos hace posible que todo en el cielo sea transportado de *este a oeste* en círculos paralelos, descritos similarmente y con la misma rapidez alrededor de los polos de la esfera, lo cual hace que esta revolución sea uniforme. El mayor de estos círculos es el que llamamos círculo equinoccial (ecuador celeste), por ser el único que corta el horizonte en dos mitades, el cual es también un círculo máximo en la esfera, y porque las duraciones de los días son prácticamente iguales a las noches para toda la Tierra cuando el Sol lo cruza. El segundo movimiento es aquel mediante el cual las esferas de los cuerpos celestes ejecutan ciertas revoluciones en dirección contraria a la dirección del primer movimiento, alrededor de polos distintos a los de la primera revolución (los polos eclípticos). Postulamos estos movimientos sobre las siguientes bases: diariamente observamos que todo en el cielo, sin excepción, sale, se mueve hasta el meridiano y se pone, siguiendo trayectorias prácticamente paralelas al círculo equinoccial del primer movimiento; descubrimos además, al observar con más cuidado, que a pesar de que nunca varían las distancias entre las estrellas y sus demás características, como la de su posición en la órbita primaria, no ocurre así para el Sol, la Luna y los planetas, pues vemos a estos objetos celestes efectuar movimientos diversos y distintos unos de los otros, siempre contrarios al movimiento del cielo, siempre hacia el este, y en dirección tal como para llegar al meridiano más tarde que las estrellas fijas, las que mantienen siempre sus respectivas distancias dando vueltas como si fuesen llevadas sobre la misma esfera.

Si este movimiento contrario de los planetas se efectuase en círculos paralelos al ecuador, esto es, alrededor de los polos del movimiento primario, sería suficiente postular para todos un único movimiento que sería una consecuencia del primero. Entonces parecería probable que la diferencia entre la revolución de los planetas y la revolución de las estrellas sería debida a un simple retardamiento, o a un movimiento de menor grado, y no debido a un movimiento real y contrario. Pero, al mismo tiempo que los planetas avanzan hacia el este, también se acercan hacia uno u otro de los polos celestes por una cantidad que no es la misma en todos los tiempos, ni la misma para cada planeta. Este adelanto aparece desigual referido al ecuador y a los polos celestes, pero no así cuando se refiere al círculo oblicuo, el cual, por tanto, parece ser propiamente el círculo común del movimiento de los planetas. Por tanto, el círculo oblicuo es no solamente el círculo que describe el Sol en su movimiento anual, sino que también se podría decir que es el del paso de la Luna y de los demás planetas, que nunca se desvían ni por accidente ni por regla, sino que circulan en un plano cuya inclinación con el círculo oblicuo está determinada para cada uno de una manera uniforme. Ahora, como el círculo oblicuo es un círculo máximo de la esfera, como se ve por las declinaciones iguales del Sol, alternadamente hacia el norte y luego hacia el sur del ecuador; y como los planetas ejecutan sus revoluciones a lo largo de este mismo círculo, como hemos dicho, sería necesario admitir que este segundo movimiento es diferente del movimiento general del universo, y que se efectúa alrededor de los polos del círculo oblicuo, y en dirección contraria al primer movimiento primario.

Los dos puntos determinados por el círculo equinoccial al cortar el círculo oblicuo son diametralmente opuestos, y se llaman los equinoccios; aquel que constituye el paso del sur al norte se llama equinoccio de primavera (vernal); el opuesto se llama equinoccio de otoño. Los dos puntos determinados por el círculo que pasan a través de los polos de los otros dos círculos máximos, también están diametralmente opuestos, y se llaman trópicos (o solsticios). Aquel al sur del ecuador es el solsticio de invierno; aquel hacia el norte del ecuador es el solsticio de verano. (Véase figura de la Esfera Celeste, en la página siguiente.)

El segundo movimiento, que se compone de varios otros, está incluido en el primero y contiene las esferas de todos los planetas; es transportado por el primero como hemos dicho, y al mismo tiempo lleva a los planetas en dirección contraria alrededor de los polos del círculo oblicuo. En la segunda revolución, que se efectuaría en dirección contraria a la primera, los polos del círculo oblicuo por el cual se ejecuta esta revolución mantienen la misma posición relativa al ecuador.

NOMENCLATURA FUNDAMENTAL DE LA ASTRONOMÍA RELACIONADA CON LOS TEXTOS DE TOLOMEO Y COPÉRNICO*

1. *Esfera Celeste*— El concepto moderno de la Esfera Celeste es un arreglo matemático que nos permite una adecuada representación de las posiciones de los cuerpos celestes. Es una esfera imaginaria, que por conveniencia se utiliza para localizar los cuerpos celestes; figura que está muy de acuerdo con la apariencia de los*cielos (Fig. 1).

2. *Polo Norte celeste*— Un punto en la Esfera Celeste directamente sobre el Polo Norte terrestre que se obtiene de una prolongación imaginaria del eje terrestre y alrededor del cual giran aparentemente todas las estrellas. El movimiento diurno afecta la posición de este punto con respecto al horizonte.

3. *Polo Sur celeste*— Punto de la Esfera Celeste, diametralmente opuesto al Polo Norte celeste.

4. *Círculo máximo*– Círculo sobre la superficie de una esfera que tiene como centro el centro de la esfera. Hay infinidad de círculos máximos en una esfera.

5. *Ecuador celeste*– Círculo máximo de la Esfera Celeste perpendicular al eje celeste. El plano del ecuador terrestre coincide con el plano del ecuador celeste. Se denomina también círculo equinoccial.

6. *Eclíptica*— Paso que (aparentemente, según Copérnico; y en la realidad, según Tolomeo) efectúa el Sol en relación a las estrellas en el transcurso de un año. Es un círculo máximo en la Esfera Celeste que forma un ángulo de 23 $1/2°$ con el ecuador celeste. Se denomina también círculo oblicuo.

7. *Las constelaciones zodiacales*— Son aquellas entre las cuales pasa el Sol en un año, o sea, las constelaciones por las cuales pasa la eclíptica. Cuando el Sol se encuentra en una de las constelaciones zodiacales, no podemos ver a dicha constelación en esa época pues sale al salir

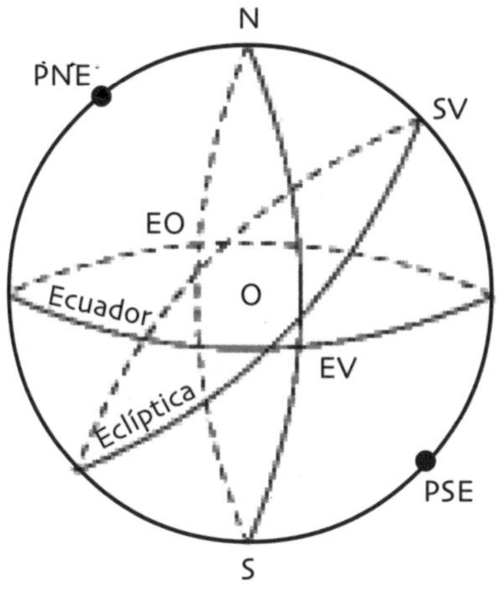

N
PNE
SV
EO
O
Ecuador
EV
Eclíptica
PSE
S

Fig. 1 Esfera Celeste

N y S– Polo Norte y Polo Sur Celeste

PNE y PSE– Polo Norte de la Eclíptica y Polo Sur de la Eclíptica

Eclíptica– "El Círculo Oblicuo"

Ecuador– "El Círculo Equinoccial"

EV – Equinoccio Vernal (de Primavera)

SV– Solsticio de Verano

EO– Equinoccio de Otoño

SI– Solsticio de Invierno

O– Observador (en el centro de la esfera)

---

* Versión revisada y actualizada extraída de *Selección de Textos de Ciencias Físicas;* 14 ed., 2003.

el Sol y se pone al ponerse el Sol. Estas constelaciones son doce y se llaman, en orden de oeste a este:

Aries	Cáncer	Libra	Capricornius
Taurus	Leo	Scorpius	Aquarius
Gémini	Virgo	Sagitarius	Piscis

8. *Eje celeste—* La prolongación del eje terrestre, esto es, de la línea que pasa por los dos polos terrestres. El punto donde la parte norte del eje intersecta la Esfera Celeste es el Polo Norte celeste. El punto donde la parte sur del eje intersecta la Esfera Celeste es el Polo Sur celeste.

9. *Equinoccios—* Ocurren cuando el Sol se encuentra en cualquiera de las dos intersecciones entre el ecuador celeste y la eclíptica. Hay dos equinoccios en el año y en estos dos días la duración de la claridad y de la oscuridad son iguales, de doce horas cada una para cualquier observador.

10. *Equinoccio de Primavera o vernal—* Es el equinoccio que ocurre cerca del 21 de marzo y señala el comienzo de la primavera en el hemisferio norte de la Tierra. En ese día, el Sol se encuentra en el signo Aries el cual, a su vez, está en la constelación de Piscis.

11. *Equinoccio de Otoño—* Es el equinoccio que ocurre cerca de septiembre 21 y señala el comienzo del otoño en el hemisferio norte de la Tierra. En ese día, el Sol se encuentra en el signo de Libra que, a su vez, está en la constelación de Virgo.

12. *Solsticios—* Hay dos solsticios, y éstos ocurren cuando el Sol alcanza una separación máxima de 23 $^1/_2$ ° en relación al ecuador celeste.

13. *Solsticio de Verano—* Ocurre cerca del 21 de junio y señala el comienzo del verano en el hemisferio norte. En ese día, el Sol se encuentra en el signo de Cáncer, que corresponde a la posición de la constelación de Gémini. El hemisferio norte tendrá días largos y noches cortas.

14. *Solsticio de Invierno—* Ocurre cerca del 21 de diciembre y señala el comienzo del invierno en el hemisferio norte. En ese día, el Sol se encuentra en el signo de Capricornio, que corresponde a la posición de la constelación de Sagitario. El hemisferio norte tendrá noches largas y días cortos.

15. *Eclipse de Luna—* El eclipse de Luna ocurre cuando la Tierra se interpone entre el Sol y la Luna, privando así a la Luna total o parcialmente de la luz solar. El eclipse de Luna se produce siempre en fase de Luna llena. No hay un eclipse de Luna todos los meses debido a la inclinación de la órbita de la Luna con respecto a la eclíptica.

16. *Eclipse de Sol*— Este fenómeno se debe a que la Luna se interpone entre el Sol y la Tierra. En este caso, la Luna oculta total o parcialmente el disco aparente del Sol. El eclipse de Sol ocurre siempre en fase de Luna nueva. No hay un eclipse de Sol en cada Luna nueva debido a la inclinación de la órbita de la Luna con respecto a la eclíptica.

17. *Conjunción*— Es aquella posición de tres cuerpos celestes en la cual el planeta está alineado con el Sol y hacia un mismo lado de la Tierra. En el caso de los planetas interiores (Mercurio y Venus), esto puede ocurrir en dos ocasiones. Cuando el planeta se encuentra más cerca de la Tierra, está en *conjunción inferior*; cuando está más lejos de la Tierra, está en *conjunción superior*.

18. *Oposición*— Es aquella posición que guardan el Sol, la Tierra y un planeta cuando entre el Sol y el planeta hay un ángulo de 180°; o sea, que cuando el Sol está en el este del horizonte de un observador, el planeta estará en el oeste. Esto no se observa en el caso de los planetas interiores.

19. *Culminación*– Ocurre cuando un cuerpo celeste alcanza su posición más alta en el cielo, esto es, cuando llega al meridiano celeste.

20. *Movimiento retrógrado de los planetas*—Movimiento que, en apariencia, ejecutan los planetas Mercurio y Venus cerca de conjunción inferior y los demás planetas cerca de oposición. Durante este movimiento, los planetas, que normalmente se mueven de oeste a este con respecto a las estrellas, comienzan a moverse en dirección este-oeste por cierto tiempo y luego reanudan el movimiento directo (de oeste a este).

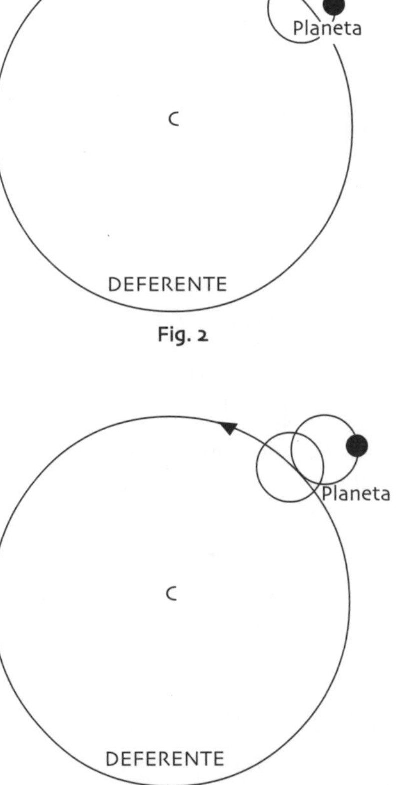

Fig. 2

Fig. 3

21. *Epiciclo*— Círculo con el centro fijo en la circunferencia de otro círculo de radio mayor llamado deferente. Es un artificio matemático ideado por los griegos para explicar el movimiento retrógrado de los planetas y otras anomalías del movimiento planetario. Se supone que el movimiento del planeta se efectúa por la combinación de dos movimientos circulares: uno alrededor del centro de movimiento (deferente) y otro alrededor de un punto situado en la circunferencia del círculo deferente (Fig. 2).

   A medida que se refinaban las observaciones, se hizo necesario en algunos casos añadir otro círculo, como se ilustra en la Fig.3, y utilizar sistemas aún más complicados que requerían decenas de círculos auxiliares.

22. *Deferente*— Círculo alrededor del cual se mueve el centro del epiciclo del planeta. Este círculo tiene como centro a la Tierra y corresponde a la órbita principal del movimiento del planeta.

23. *Excéntrico—* Círculo imaginado por los antiguos astrónomos para explicar la desigualdad de los radios de las órbitas planetarias respecto de la Tierra, la que suponían que estaba en el centro. Este círculo no tiene a la Tierra como centro.

24. *Ecuante—* Es un punto dentro de la órbita circular de un cuerpo celeste y que queda en línea recta con el centro del círculo y la posición de la Tierra (que es un poco fuera de este centro). En su teoría, Tolomeo exponía que un planeta se movía uniformemente con relación a este punto (el ecuante). En esta forma, visto desde la Tierra, el movimiento del planeta no sería uniforme.

25. *Línea de ápsides—* Línea que une los dos extremos del eje mayor de la órbita trazada por un planeta. Se extiende desde el perihelio hasta el afelio de la órbita.

26. *Perihelio–* Punto más cercano al Sol en la órbita de un planeta.

27. *Afelio–* Punto más lejano del Sol en la órbita de un planeta.

28. *Movimiento de traslación o revolución de la Tierra–* Movimiento que da la Tierra alrededor del Sol en un año en el orden de los signos del zodíaco.

29. *Movimiento de rotación de la Tierra–* Movimiento de la Tierra de oeste a este alrededor de su propio eje en el término de un día.

Las siguientes definiciones hacen referencia a la Fig.4 anterior.

1. *Línea de la plomada—*La línea vertical que indica la dirección de la fuerza gravitacional. Puede obtenerse suspendiendo un cuerpo pesado de un cordón. Si dicha línea se extendiese infinitamente hasta llegar a la bóveda celeste llegaría al cenit del observador.

2. *Plano del horizonte astronómico—*Plano imaginario perpendicular a la línea de la plomada del lugar y tangente a la superficie de la Tierra. La intersección de este plano con la esfera celeste es un círculo máximo de dicha esfera en el cual se sitúan los puntos cardinales.

3. *Cenit—*Punto imaginario en la esfera celeste directamente sobre la cabeza del observador. Se obtiene al prolongar infinitamente "hacia arriba" la línea imaginaria de la plomada del observador.

4. *Nadir—*Punto en la esfera celeste diametralmente opuesto al cenit.

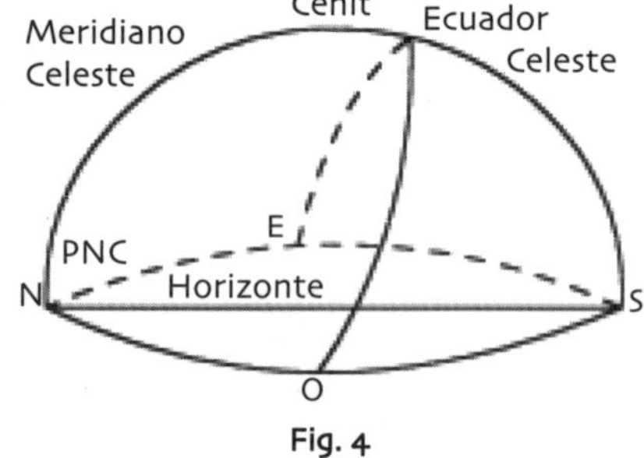

Fig. 4

Porción de la esfera celeste que queda sobre el horizonte del observador en la latitud 18° N.

5. *Altura*—Distancia angular (número de grados) sobre el horizonte del observador a que se encuentra un cuerpo celeste. Se mide a lo largo del arco vertical que parte del cenit, pasa por el cuerpo celeste y llega al horizonte.

6. *Puntos cardinales*:
   a) Norte—Punto en el horizonte del observador más cercano al polo norte celeste.
   b) Sur—Punto en el horizonte del observador diametralmente opuesto al punto norte.
   c) Este—Punto en la intersección del ecuador celeste y el horizonte del observador. Este punto queda a la derecha del observador cuando éste está de frente al norte.
   d) Oeste—Punto en la intersección del ecuador celeste y el horizonte del observador. Este punto queda diametralmente opuesto al punto este.

7. *Meridiano celeste*—Semicírculo que es extiende desde el punto norte del horizonte, pasa por el cenit del observador y llega hasta el punto sur del horizonte, quedando así perpendicular al horizonte.

BREVES COMENTARIOS EN TORNO A LA TEORÍA HELIOCÉNTRICA: SU RIVALIDAD CON LA TEORÍA GEOCÉNTRICA*

La fortaleza científica de la Teoría Geocéntrica fue incuestionable. Precisamente por eso se mantuvo rigiendo el conocimiento acerca de la estructura del universo por tantos años, ¡por más de **18 siglos**! Si comparamos ese periodo con el tiempo que tiene la moderna Teoría atómica y hacemos una personificación un tanto injusta, es como si la última fuese una persona de 20 años y la Teoría Geocéntrica, una de un poco más de ¡180 años!

Una teoría científica se fundamenta en el conjunto de axiomas que le dan existencia. Es decir, las consecuencias lógicas e inescapables que de ellos se deduzcan tienen que darse con la precisión que pueda tolerar la incertidumbre en las medidas. Si surgiese (n) otra (s) teoría (s), que llamaremos teoría (s) rival (es), con un conjunto de postulados o axiomas o principios con el mismo o mayor rigor, una mayor amplitud de explicación y predicción, entonces aquella perderá adeptos que irán engrosando las filas de los favorecedores de la teoría rival.

El axioma principal de la Teoría Geocéntrica, en su primera parte, tierra inmóvil, goza del atributo principal de una hipótesis convincente: el sentido común. Como cuando decimos ... ¡es obvio! Porque, ¿no es obvio que la Tierra, tan pesada como es, debe estar quieta? La segunda parte de este axioma es aún más obvia, porque ¿no es verdad que, después de haber sido creados por Dios y haber sido seleccionados como sus criaturas predilectas, nos tuvo que haber colocado en el *centro* de la creación, del universo?

Lo que sí era de esperarse que, entre tantas y tantas mentes, y entre tantas y tantas *ideas,* nacieran otras **hipótesis** en torno al mismo problema. Al considerarlas en sus méritos, algunas permanecieron, pero como débiles rivales de la teoría geocéntrica. Es lógico que así fuera, porque la idea de una Tierra móvil no es "agradable a la mente", aún en nuestros días.

A pesar *de lo obvio* de la Teoría geocéntrica, ésta se tornó progresivamente vulnerable desde el punto de vista del análisis crítico y creativo. Tuvo que recurrir a suposiciones fundamentales nuevas, requiriendo en-

---

*Por Rafael Ortiz Vega y Eva Arzola de Calero.

miendas cada vez que se presentaban observaciones cuyas explicaciones quedaban fuera del ámbito explicativo de sus premisas iniciales. Ante la aparición "repentina" de nuevos supuestos (hipótesis ad hoc), el modelo comenzó a reflejar un sistema tan complicado que muchos pensadores entraron en un descontento intelectual "apremiante"... Pero, **habrían de pasar siglos para que la preocupación quedara superada.**

Como se señaló anteriormente, surgieron ideas alternas para la inmovilidad y centralidad de la Tierra. El proceso de *falseamiento* es valioso a la hora de determinar la validez científica de una teoría. Esto es así porque la pone a prueba *vis à vis* una posición contraria en donde tiene la oportunidad de salir airosa, y todavía más fuerte, si los intentos de *falsearla* resultan infructuosos. Así que, ante la idea de una inmovilidad habría que adjudicarle movilidad, pero un movimiento tal que pudiera explicar las observaciones a un grado de satisfacción igual o mejor que su antítesis. De esta forma, el movimiento de la Tierra podría ser de dos maneras: o bien ella se mueve y el resto del universo no; o ella y el resto del universo se mueven al unísono con respecto a otra referencia. En ambos casos, las observaciones hechas hasta ese momento, y las que se pudieran registrar en el futuro, tendrían que quedar satisfactoriamente explicadas y comprendidas, claro, para los entendidos en esa materia.

Aristarco de Samos, en la Grecia del siglo IV a.C., teorizó acerca del movimiento de la Tierra. De los fragmentos valiosísimos de su libro, rescatados de lo que quedó después de la infame destrucción de la biblioteca de Alejandría, se desprende que él sostenía que era el Sol el que estaba inmóvil en el centro y que la Tierra, al igual que todos los cuerpos celestes, giraba a su alrededor. Fue esta idea la que en el siglo XVI impulsó el astrónomo polaco Nicolás Copérnico quien era canónigo de la Iglesia, pintor, inventor de sus propios instrumentos, practicante de la medicina y traductor, entre otros talentos y aptitudes. Se le recuerda, sin embargo, como el hacedor de la Teoría Heliocéntrica original moderna. A estos efectos sostenía:

Pienso que es más fácil creer esto que confundirnos suponiendo un amplio número de esferas, como se ven obligados a hacer quienes colocan a la Tierra en el centro. Nosotros seguimos así más bien a la Naturaleza, que no produce nada superfluo y que a menudo prefiere dotar a una causa de múltiples efectos.... ... en el centro de todo se halla entronizado el Sol. En este bellísimo templo, ¿acaso podríamos colocar esa luminaria en mejor posición para que iluminara a todo el conjunto? Con justicia se llama al Sol: lámpara, mente, Señor del Universo; Hermes Trimegisto le llama Dios visible; la Electra de Sófocles le llamaba Omnividente. Así es como el Sol, sentado en su real trono, gobierna sobre sus hijos, los planetas que giran en torno a él.

La Tierra tiene a la Luna a su servicio. Como dice Aristóteles en su 'De Animalibu', la Luna guarda una relación más estrecha con la Tierra, mientras que ésta concibe gracias al Sol y se hace fecunda con su renacimiento anual.[1]

Las teorías planetarias de Tolomeo y de la mayoría de otros astrónomos, aunque acordes con los datos numéricos, parecían presentar no poca

---

[1] *El Nuevo Día, Suplemento Cinco Siglos,* varios martes, 1992.

dificultad. Estas teorías no eran adecuadas sin concebirlas partícipes de ciertos 'ecuantes' , por lo que entonces aparecía que cierto planeta no se movía con rapidez uniforme ni en su deferente ni alrededor del centro de su epiciclo. De aquí que un sistema de esta naturaleza no aparecía absoluto ni lo suficientemente agradable a la mente. Conciente de estos defectos, a menudo consideré si habría un arreglo de círculos, desde donde cada desigualdad aparente, y alrededor de cuyo centro todo se moviera uniformemente, como lo requiere la regla del movimiento absoluto.[2]

Copérnico vivió un dilema que se puede imaginar terrible pues, por un lado, su convencimiento intelectual le decía una "verdad" racional, mientras que la institución a la cual pertenecía, la Iglesia Católica adoctrinaba a los feligreses con otra "verdad": la divina. Es claro que no pueden existir dos verdades para explicar un mismo problema. Además, y para su desgracia, la Inquisición estaba en todo su apogeo. Sus ideas se las guardó celosamente hasta estar cerca de la muerte. Fue en su lecho de muerte que autorizó la publicación de su libro, no sin antes asegurarse de no contrariar al papa Paulo III y escapar de las acusaciones de herejía, *tan de moda* en aquellos tiempos. Su trabajo se lo dedicó al Papa:

> Me doy cuenta con suficiente claridad, Santo Padre, que habrá personas que, al enterarse de que en mis libros sobre las revoluciones de las esferas del universo atribuyo unos movimientos al globo terráqueo, pondrán el grito en el cielo y pedirán mi condena junto con mis convicciones...
>
> Para demostrar, tanto a los científicos como a los que no lo son, que no rehuyo la crítica de quien sea, he preferido dedicar este fruto de mi esforzada labor... a Vuestra Santidad...Fácilmente, pues, podréis reprimir con vuestra autoridad y criterio los ataques de lenguas calumniadoras, aunque diga el refrán que no hay medicamento contra la mordedura de un falso acusador.[2]

El sistema propuesto por Copérnico explicaba la estructura y el funcionamiento del "universo" de entonces con un número menor de elementos geométricos y de supuestos *a priori* que el sistema tolemaico. En este aspecto de sencillez, lo superaba significativamente. Sobre todo, la teoría copernicana mantenía el movimiento circular uniforme como natural de los cuerpos celestes. Esto mantenía un alto nivel de receptividad en muchos de los intelectuales de la época. Sin embargo, para esos años la autoridad aristotélica no había amainado. Sus supuestos sobre la dicotomía entre lo celeste y lo terrestre, entre lo pesado y lo liviano, el círculo y la línea recta, etc, estaban vigentes y todavía con fuerza. La mayoría de los argumentos que, desde los tiempos de Aristarco, se esgrimían en contra de una Tierra en movimiento, todavía eran válidos en la época de Copérnico; es decir, no se podían refutar contundentemente con evidencias exclusivas, pues no existían observaciones que se pudieran explicar únicamente desde la perspectiva heliocéntrica. Esto era frustrante en el

---

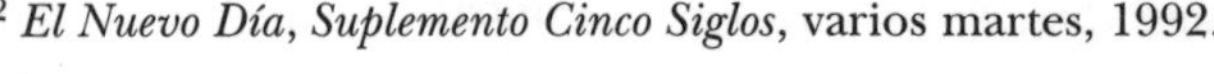

[2] *El Nuevo Día, Suplemento Cinco Siglos*, varios martes, 1992.

empeño de descartar la teoría geocéntrica. Quedaba por superar lo más importante: la creencia religiosa de que Dios creó el universo en armonía con un sistema **geocéntrico** de donde, en una inferencia casi natural desde la perspectiva del **egocentrismo** humano, exigíamos el centro del universo para la Tierra que habitamos.

A continuación se presentan algunos pasajes de esta importante Teoría heliocéntrica. Los mismos se han extraído del libro *El Comentariolus* de Nicolás Copérnico.

EL "COMENTARIOLUS" *

Por Nicolás Copérnico (1473-1543)
ESQUEMA DE SUS HIPÓTESIS SOBRE LOS MOVIMIENTOS CELESTES

Nuestros antecesores supusieron, observó yo, que existían gran número de esferas celestes para explicar el movimiento aparente de los planetas por el principio de la regularidad, pues ellos consideraban completamente absurdo que un cuerpo celeste, que es una esfera perfecta, no se moviese siempre uniformemente. Observaron que, relacionando y combinando movimientos regulares de varias maneras, podían hacer parecer que un cuerpo se moviese a cualquier posición.

A Calipus y Eudoxus, quienes trataron de resolver el problema por medio de esferas concéntricas, les fue imposible explicar todos los movimientos de los planetas. Ellos también tenían que explicar, no solamente las revoluciones aparentes de los planetas, sino también el hecho de que estos cuerpos algunas veces parecen subir muy alto en los cielos; otras, descender; y esto es incompatible con el principio de las esferas concéntricas. Por tanto, parecía mejor emplear excéntricos y epiciclos, un sistema que la mayoría de los sabios finalmente aceptaron.

Pero las teorías planetarias de Tolomeo y de la mayoría de los demás astrónomos, aunque compatibles con los datos numéricos, parecían presentar también bastante dificultad. Estas teorías, pues, no eran adecuadas a menos que fuesen concebidos ciertos "ecuantes". Entonces parecía que un planeta no se movía con velocidad uniforme ni en su deferente ni alrededor del centro de su epiciclo. Por tanto, un sistema de esta naturaleza no parecía lo suficientemente absoluto ni lo suficientemente agradable a la mente.

Teniendo en cuenta estos defectos, a menudo pensaba en la posibilidad de encontrar un arreglo de círculos más razonable, del cual pudiesen derivarse todas las aparentes desigualdades, y donde todo se moviese uniformemente alrededor de su propio centro, como requiere la regla del movimiento absoluto.

Luego de haberme empeñado en este muy difícil y casi insoluble problema, al fin se me ocurrió resolverlo mediante menos y más simples construcciones que las usadas previamente, si se me concedían algunos axiomas, a saber:

---

* *Ciencias Físicas*, Selección de textos científicos, Departamento de Ciencias Físicas, UPR, Editorial de la Universidad de Puerto Rico, 10ma. Edición, 1987, pp. 34-35

1. *No existe un centro común para todos los círculos o esferas celestes.*

2. *El centro de la Tierra no es el centro del universo, sino sólo el centro de gravedad y el centro de la esfera de la Luna.*

3. *Todas las esferas dan vuelta alrededor del Sol como centro y, por tanto, el Sol es el centro del universo (es decir, el Sol es la figura central).*

4. *La razón entre la distancia de la Tierra al Sol y la altura del firmamento es mucho menor que la razón entre el radio de la Tierra y su distancia al Sol, de manera que la distancia de la Tierra al Sol es imperceptible comparada con la altura del firmamento.*

5. *Cualquier movimiento en el firmamento no resulta de ningún movimiento suyo, sino del movimiento de la Tierra. La tierra y los elementos más próximos que la rodean ejecutan diariamente una rotación completa alrededor de sus polos fijos, mientras que el firmamento permanece inmóvil.*

6. *Lo que a nosotros nos parecen movimientos del Sol, no resultan de su propio movimiento, sino de los movimientos de la Tierra y de nuestra esfera, con la cual damos vuelta alrededor del Sol como cualquier otro planeta. La Tierra tiene, por lo tanto, más de un movimiento.*

7. *Los movimientos retrógrados y directos de los planetas no son resultado de su movimiento, sino del movimiento de la Tierra. El movimiento de la Tierra por sí sólo es suficiente, por tanto, para explicar tantas aparentes desigualdades en los cielos.*

Habiendo sentado estas premisas, explicaré brevemente cómo se puede explicar la uniformidad de los movimientos de una manera sistemática. Sin embargo, he creído conveniente omitir de este esquema las demostraciones matemáticas, que reservaré para mi obra principal. Pero en la explicación de los círculos he de tomar en cuenta los tamaños de los radios; y de esto, el lector que está familiarizado con las matemáticas podrá percibir rápidamente cuán fielmente este arreglo de los círculos coincide con los datos numéricos y las observaciones.

De acuerdo con esto, nadie debe suponer que yo, con los pitagóricos, he defendido gratuitamente el movimiento de la Tierra; por el contrario, se encontrará prueba definitiva en mi exposición de los círculos, ya que los principales argumentos mediante los cuales los filósofos de la naturaleza tratan de establecer la inmovilidad de la Tierra descansan en buena medida en las apariencias; esos argumentos fallan aquí, puesto que yo considero la inmovilidad de la Tierra como debida a una apariencia.

El orden de las esferas

Las esferas celestes están ordenadas en la siguiente forma: la más alta es la esfera inmóvil de las estrellas fijas y es la que contiene e indica la posición de todas las cosas; anterior a ésta está la esfera de Saturno, luego la de Júpiter y entonces la de Marte; bajo Marte queda la esfera en la que nosotros damos vuelta, luego la de Venus y, por último, la de Mercurio. La esfera de la Luna da vueltas alrededor del centro de la Tierra y se mueve con la Tierra como un epiciclo. En el mismo orden también, un planeta sobrepasa a otro en la rapidez de revolución, a medida que describen menores círculos. Así, Saturno completa su revolución en treinta años; Júpiter, en doce; Marte, en dos y medio; la Tierra, en un año; Venus, en nueve meses y Mercurio, en tres meses.

Los movimientos aparentes del Sol

La Tierra tiene tres movimientos. Primero, da vueltas anualmente en un círculo máximo alrededor del Sol en el orden de los signos, *siempre describiendo arcos iguales en tiempos iguales*; la distancia del centro de este círculo al centro del Sol es 1/25 del radio de ese círculo. Se da por supuesto que el radio de ese círculo tiene un tamaño imperceptible en comparación con la altura del firmamento. Por consiguiente, el Sol parece dar vueltas en virtud de este movimiento, como si la Tierra estuviese en el centro del universo. No obstante, esta apariencia no es causada por el movimiento del Sol, sino por el movimiento de la Tierra; de manera que, por ejemplo, cuando la Tierra está en el signo de Capricornio, el Sol está diametralmente opuesto en Cáncer, etc. Debido a la ya mencionada distancia del Sol al centro de ese círculo, el movimiento aparente del Sol no es uniforme. La línea trazada desde el centro del círculo al Sol está dirigida invariablemente hacia un punto en el firmamento a 10° oeste de la más brillante de las dos estrellas en la cabeza de Los Gemelos. Por tanto, cuando la Tierra está en oposición a este punto, el Sol está a su mayor distancia de la Tierra. En este círculo, por tanto, la Tierra da vueltas conjuntamente con todo lo que pueda estar incluido dentro de la esfera lunar.

El segundo movimiento, que es peculiar a la Tierra, es la rotación diurna alrededor de los polos, en el orden de los signos, esto es, de oeste a este. A causa de esta rotación el universo entero parece dar vueltas con enorme rapidez. De esa manera la Tierra da vueltas en su eje junto con las aguas que la rodean y la atmósfera circundante.

El tercero es el movimiento de declinación. El eje de rotación diurna no está paralelo al eje del Gran Círculo, sino que está inclinado a un ángulo que en nuestra época es alrededor de $23^{1/2}°$. Por tanto, mientras el centro de la Tierra permanece siempre en el plano de la eclíptica, esto es, en la circunferencia del Gran Círculo, los polos de la Tierra giran, ambos describiendo pequeños círculos alrededor de centros equidistantes del eje del Gran Círculo. El período de este movimiento no es exactamente igual a un año, pero es aproximadamente igual a la duración de la revolución en el Gran Círculo. El eje del Gran Círculo está invariablemente dirigido hacia los puntos del firmamento que se denominan los polos de la eclíptica. Es claro que en el transcurso de bastante tiempo esta inclinación de la Tierra con el firmamento cambia. Por eso es una opinión corriente que el firmamento tenga varios movimientos, en conformidad con una ley que aún no se entiende claramente. Pero con el movimiento de la Tierra se pueden explicar todos estos cambios. No estoy interesado en demostrar cuál es el paso de los polos. Me ha parecido mejor atribuir estos cambios a una esfera cuyo movimiento gobierna el movimiento de los polos y debe ser, sin lugar a dudas, una esfera sublunar.

....

Los tres planetas superiores

Saturno–Júpiter–Marte

Saturno, Júpiter y Marte tienen un sistema similar de movimientos, puesto que sus deferentes contienen el Gran Círculo y dan vueltas en el mismo orden de los signos alrededor de su centro como centro común. El deferente de Saturno ejecuta una revolución en treinta años; el de Júpiter, en doce años y el de Marte, en veintinueve meses, como si el tamaño de los círculos retardase sus respectivas revoluciones. Si el radio del Gran Círculo se divide en 25 unidades, el radio del deferente de Marte será de 38 unidades; el de Júpiter será de $130^{1/5}$ unidades y el de Saturno será de $230^{1/6}$ unidades. Por "radio del deferente" entiendo la distancia del centro del deferente hasta el centro del primer epiciclo. Cada deferente tiene dos epiciclos, uno de los cuales lleva al otro, pero con un arreglo distinto. El primer epiciclo da vueltas en dirección opuesta a la del deferente, siendo ambos períodos iguales. El segundo epiciclo, que lleva al planeta, da vueltas en dirección opuesta a la del primero, pero con doble velocidad.

El resultado es que cada vez que el segundo epiciclo está a su mayor o menor distancia del centro del deferente, el planeta está en la posición más cercana al centro del primer epiciclo; y cuando el segundo epiciclo está en los puntos medios, a una distancia de un cuadrante de los dos puntos ya mencionados, el planeta está a la distancia más remota del centro del primer epiciclo. Mediante la combinación de estos movimientos de deferentes y epiciclos, y en razón de la igualdad de sus revoluciones, los ya citados alejamientos y acercamientos ocupan puntos absolutamente fijos en el firmamento y en todas partes exhiben configuraciones invariables de movimiento. Por consiguiente, los ápsides no cambian; para Saturno, están cerca de la estrella que se dice estar en el codo de Sagitario; para Júpiter, están a 8 grados al este de la estrella que se denomina el final del rabo del León y para Marte, están a $6^{1/2}°$ al oeste del corazón de la constelación del León.

El radio del Gran Círculo se dividió anteriormente en 25 unidades. Medido de acuerdo a esas unidades, los tamaños de los epiciclos son los siguientes ... así vemos que el radio del primer epiciclo en cada caso es tres veces mayor que el del segundo.

La desigualdad que el movimiento de los epiciclos impone sobre el movimiento del deferente se denomina la primera desigualdad. Existe una segunda desigualdad, por causa de la cual el planeta parece de tiempo en tiempo ir en dirección retrógrada, y a menudo parece permanecer estacionario. Esto no se debe al movimiento del planeta, sino al movimiento de la Tierra que va cambiando de posición en el Gran Círculo. Puesto que la Tierra se mueve más rápidamente que el planeta, la visual dirigida hacia el firmamento retrocede, y la Tierra neutraliza, más aún, el movimiento del planeta. Este movimiento retrógrado es más notable cuando la Tierra está más cerca del planeta.

Venus

Quedan por considerar los movimientos incluidos dentro del Gran Círculo, esto es, los movimientos de Venus y Mercurio. Venus tiene un sistema de círculos como el sistema de los planetas superiores, pero el arreglo de los movimientos es diferente. El deferente da una vuelta en nueve meses, como dijimos antes, y el epiciclo mayor da su vuelta también en nueve meses. A causa de su movimiento compuesto, el epiciclo menor es siempre elevado de nuevo a la misma trayectoria en el firmamento, y el ápside[1] más alto está en el punto donde dijimos que el Sol cambia la dirección de su curso. El período del epiciclo menor no es igual ni al del deferente ni al del epiciclo mayor, sino que tiene una relación constante con el movimiento del Gran Círculo. Por cada revolución del Gran Círculo el epiciclo menor completa dos revoluciones. El resultado es que cada vez que la Tierra está en el diámetro dibujado a través del ápside, Venus queda más cerca del centro del epiciclo mayor; y está más lejos del centro del epiciclo mayor cuando la Tierra, estando en el diámetro perpendicular al diámetro a través del ápside, queda a una distancia de un cuadrante de las posiciones ya mencionadas. El epiciclo menor de la Luna se mueve en una forma más o menos igual con relación al Sol. La razón entre el radio del Gran Círculo y el radio del deferente de Venus es igual a $25/18$; el epiciclo mayor tiene un valor de $3/4$ de unidad y el menor, de $1/4$ de unidad.

A veces Venus parece ir en dirección retrógrada, particularmente cuando está más cerca de la Tierra; lo mismo le ocurre a los planetas superiores, pero por razones distintas. El movimiento retrógrado de los planetas superiores se debe a que el movimiento de la Tierra es más rápido que el de ellos, pero en el caso de Venus ocurre porque la Tierra va más despacio y porque los planetas superiores contienen al Gran Círculo, mientras que Venus está contenido dentro del mismo. Por tanto, Venus nunca está en oposición con el Sol. Estas distancias están determinadas por tangentes a la circunferencia, dibujadas desde el centro de la Tierra, y nunca exceden 48°, de acuerdo con nuestras observaciones. Así concluyen las consideraciones sobre el movimiento de Venus.

....

Mercurio se mueve en 7 círculos en total; Venus, en 5; la Tierra, en 3 y alrededor de ésta se mueve la Luna en 4; finalmente Marte, Júpiter y Saturno se mueven en 5 círculos cada uno. En conjunto, por tanto, se necesitan 34 círculos para explicar toda   la estructura del universo y el "ballet" de los planetas.

---

[1] Ápside: línea de ápsides (Véase nomenclatura.)

UNA TEORÍA DE QUE LA TIERRA SE MUEVE ALREDEDOR DEL SOL* **

Por Nicolás Copérnico

El universo es esférico

En primer lugar, afirmamos que el universo es esférico; en parte, porque esta forma geométrica, siendo un todo completo, no necesita uniones, porque es la más perfecta de todas las formas; en parte, porque es la forma que incluye el mayor espacio; y también, porque todas las partes discretas del mundo, quiero decir, el Sol, la Luna y los planetas, aparecen como esferas; y porque todas las cosas tienden a asumir la forma esférica, un hecho que ocurre con la gota de agua y con otros cuerpos fluidos cuando de por sí tratan de limitarse.

Que la Tierra es esférica

Que la Tierra es esférica está fuera de duda, porque ejerce presión de todas sus partes hacia el centro. Aunque es una esfera perfecta esto no es reconocido inmediatamente a causa de la gran elevación de sus montañas y la depresión de sus valles; no obstante, esto en general no afecta la forma esférica de la Tierra. Esto se hace claro de la siguiente manera; para la gente que viaja de cualquier lugar hacia el Norte, el polo norte de la diaria revolución se eleva gradualmente, mientras que el polo sur se hunde por una cantidad igual. La mayor parte de las estrellas en las cercanías de la constelación Osa Mayor parece que no se ponen, y en el Sur algunas estrellas ya no se ven salir. Por eso desde Italia no se ve a la estrella Cánope, que es visible para los egipcios; pero se ve la estrella más extrema de la constelación, el Eridano, que es desconocida para nosotros los de una zona más fría. Por otro lado, para la gente que viaja hacia el Sur, estas estrellas se elevan más en los cielos, mientras que aquéllas que aparecen más altas

---

*Selección adaptada de la traducción tomada de "Sobre las Revoluciones de los Cuerpos Celestes".

** Versión revisada y actualizada extraída de *Selección de Textos de Ciencias Físicas;* Editorial de la Universidad de Puerto Rico, 14 ed., 2003.

para nosotros se ven más bajas. Por tanto, es claro que la Tierra está incluida entre los polos y que es esférica. A esto hay que añadir que los habitantes del Este no ven los eclipses de Sol y de Luna que ocurren durante el atardecer y la gente que vive en el Oeste no ve los eclipses que ocurren durante el amanecer, mientras que aquéllas que viven en el medio ven los primeros más tarde y los últimos más temprano.

Que aun el agua tiene la misma forma se observa desde un barco, donde la tierra que no se puede ver desde la cubierta puede espiarse desde la punta del mástil. Y, por el contrario, cuando se coloca una luz en la punta del mástil, para los observadores en tierra ésta parece bajar gradualmente a medida que el barco se aleja, hasta que la luz desaparece, como si se sumergiera dentro del agua.

....

Sobre si la Tierra tiene movimiento circular, y de la localización de la Tierra

Como ya se ha probado que la Tierra tiene la forma de una esfera, insisto en que debemos investigar si de su forma se puede deducir su movimiento y qué lugar ocupa en el universo. Sin este conocimiento no se puede hacer ningún cálculo sobre los fenómenos que ocurren en los cielos. Es cierto que la mayoría de los pensadores creen que la Tierra está en reposo en el centro del universo, de suerte que consideran increíble y aun ridículo suponer lo contrario. Sin embargo, cuando uno considera el asunto cuidadosamente, verá que esta idea contraria no se puede descartar. Cada cambio de posición observado se debe, o al movimiento del objeto bajo observación, o al movimiento del observador, o a movimientos en direcciones opuestas a ambos; así pues, cuando el observador y el objeto observado se mueven de la misma manera y en la misma dirección, no se observa ningún movimiento. La Tierra es el lugar desde donde observamos y desde donde se despliega ante nuestra vista la revolución de los cielos. Por tanto, si la Tierra tuviese algún movimiento, éste se podría notar en todo lo que está situado fuera de ella, pero con dirección contraria, como si todo estuviera pasando por el lado de la Tierra. De esta naturaleza es, esencialmente, la revolución diaria. Pues de este movimiento parece participar el mundo entero—de hecho todo lo que queda fuera de la Tierra—. Pero si admitimos que los cielos no poseen ninguno de estos movimientos, sino que la Tierra gira de oeste a este; y si uno considera esto seriamente con relación a la salida y puesta aparente del Sol, de la Luna y de las estrellas, entonces concluirá que esto es ciertamente correcto. Ya que los cielos, que contienen y retienen todas las cosas, son la morada común de todo, no me es fácil comprender por qué no se atribuye el movimiento al objeto contenido en vez de atribuírselo al continente, o sea, a aquello que es localizado en vez de a aquello que lo localiza.

....

Se alega que la Tierra está en reposo en el centro del universo y que esto es indudablemente cierto. Pero uno que piense que la Tierra gira, seguramente tendrá la opinión de que este movimiento es natural y no violento. Todo aquello que esté en armonía con la naturaleza produce efectos que son opuestos a aquello que ocurre por la violencia. Las cosas sobre las cuales se ejerce violencia o alguna fuerza externa se aniquilan y existen por poco tiempo. Pero todo lo que ocurre por obra de la naturaleza permanece en buenas condiciones y en el menor de los arreglos. Sin causa alguna, Tolomeo temía que la Tierra y todas las cosas terrestres, al ser dotadas de rotación, se disolverían por la acción de la naturaleza, pues el funcionamiento de la naturaleza es enteramente distinto de lo artificial o de aquello que la mente humana pudiera inventar. ¿Y por qué él no temió lo mismo, y ciertamente en mucho mayor grado, con relación al universo, cuyo movimiento tendría que ser tanto más rápido cuanto los cielos son mayores que la Tierra? ¿O es que los cielos se han vuelto infinitos tan sólo porque han sido sacados del centro por la fuerza misteriosa del movimiento, mientras que de otro modo, si estuviesen en reposo, se derrumbarían? Desde luego, si este argumento fuese cierto, la extensión de los cielos resultaría infinita. Mientras más se empujen hacia afuera por el impulso exterior del movimiento, más rápido sería su movimiento, debido a que el círculo descrito en el transcurso de veinticuatro horas se va agrandando; e inversamente, si el movimiento aumenta, la inmensidad de los cielos también aumentaría. De esa manera la rapidez haría aumentar el tamaño al infinito y el tamaño haría aumentar la rapidez. Pero de acuerdo con la ley física de que el infinito nunca puede ser alcanzado, o que por ninguna razón pueda tener movimiento, los cielos tendrían, necesariamente, que estar en reposo.

Pero se dice que fuera de los cielos no existe cuerpo alguno, ni lugar, ni espacio vacío; en resumen, que nada existe y que, por tanto, no hay espacio hacia donde los cielos puedan expandirse; entonces ciertamente es extraño que algo deba estar incluido por la nada. Si, no obstante, los cielos fuesen infinitos y solamente limitados por la concavidad interior, tendríamos quizás una mejor confirmación de que nada existe más allá de los cielos, porque todo, no importa su tamaño, estaría contenido dentro de ellos; pero entonces, los cielos permanecerían inmóviles.

El argumento más importante, del cual depende la prueba de que el universo es finito, es el movimiento. Ahora bien, la controversia de si el mundo es finito o infinito la dejaremos para los filósofos de la naturaleza; para nosotros queda la certeza de que la Tierra, contenida entre los polos, está limitada por una superficie esférica. ¿Por qué debemos titubear para concederle un movimiento natural y propio de su forma, en vez de suponer que es el mundo entero, cuyos límites son desconocidos, lo que se mueve? ¿Y por qué no estamos dispuestos a reconocer que la *apariencia* de la revolución diaria pertenece a los cielos, su *realidad* a la Tierra? La relación es similar a las siguientes palabras del *Eneas*, de Virgilio: "Cuando salimos del puerto, las ciudades y países parecen alejarse". Pues cuando un barco navega quietamente, para los que están a bordo, todo lo que está fuera de él parece poseer un movimiento correspondiente al movimiento del barco, y los navegantes se hacen de la opinión errónea de que ellos y todo lo que traen consigo está en reposo. Esto se puede aplicar, sin lugar a dudas, al movimiento de la Tierra, y parecería como si todo el universo diese vueltas.

Sobre el centro del universo

Como nada impide creer en la movilidad de la Tierra, debemos investigar ahora el problema de si tiene varios movimientos y pueda entonces ser considerada como uno de los planetas. Que no es el centro de todas las revoluciones puede probarse por la revolución irregular de los planetas y sus distancias variables hasta la Tierra, lo que no puede explicarse con círculos concéntricos con centro en la Tierra. Por tanto, como hay varios puntos centrales, nadie puede estar seguro, y con razón, si el centro del universo es el centro de gravedad de la Tierra, o si es algún otro punto central. Yo, por lo menos, soy de opinión de que la *gravedad* no es otra cosa que una *fuerza natural* implantada por la Divina Providencia del Creador del Universo dentro de sus partes, mediante la cual la Tierra, el Sol, la Luna y los otros planetas adoptan una forma esférica. Y se debe suponer también que el impulso es inherente al Sol, la Luna y los planetas, y que es en virtud de esos impulsos que completan sus revoluciones en diversas formas.

DIÁLOGO SOBRE LOS GRANDES SISTEMAS DEL MUNDO[1] *

Primer día

Personajes: SALVIATI, SAGREDO, SIMPLICIO

SALVIATI– En nuestras conversaciones de ayer acordamos finalmente que hoy examinaríamos, tan clara y profundamente como fuera posible, la fuerza demostrativa de las razones naturales[2] que ofrecen a favor de sus respectivas opiniones los seguidores de las enseñanzas aristotélico-tolemaicas de una parte y los seguidores del sistema copernicano de la otra. Ya que Copérnico clasifica a la Tierra entre los cuerpos celestes con movimiento y, por tanto, la considera como un globo similar a los planetas, nos convendría comenzar examinando la fuerza lógica y persuasiva de aquellos argumentos peripatéticos que tratan de probar la imposibilidad de tal suposición. Dichos argumentos sostienen que en la naturaleza debemos distinguir dos clases de substancias diferentes: la celeste y la elemental; inalterable e indestructible la primera, mutable y perecedera la última. Este tema fue discutido en el libro del cielo, tratando de hacerla parecer probable, primero desde ciertos puntos de vista generales, luego por medio de pruebas y experiencias específicas. Deseo tratar el tema siguiendo un orden similar y luego expresar sencillamente mi propia opinión. Me agradaría recibir vuestra crítica sobre este asunto, especialmente la del señor Simplicio, tan celoso seguidor y defensor de las enseñanzas aristotélicas.

....

SALVIATI– Volviendo a Aristóteles, éste comienza su investigación muy bella y metódicamente. Aunque al elaborarla con propósito más bien de dirigirse y alcanzar una meta que ya está revoloteando en su mente, que

---

[1] Selección traducida al inglés por Howard Stein del terxto en alemán de Emil Strauss (Leipzig: B. G. Teubner, 1891).

[2] Es decir, opuesto a lo sobrenatural. La parte teológica del asunto no será discutida.

* Versión revisada y actualizada extraída de *Selección de Textos de Ciencias Físicas;* Editorial de la Universidad de Puerto Rico, 14 ed., 2003.

de arribar adondequiera que sus argumentos puedan más directamente llevarle, rompe el hilo conductor de la argumentación y se mete en un camino trillado. Nos dice, como algo ya generalmente conocido y aceptado, que los movimientos hacia arriba y hacia abajo son propios del fuego y de la tierra. Además de esos cuerpos que nos son accesibles, debe necesariamente existir otra clase de cuerpo en la naturaleza, al cual le pertenece el movimiento circular[3]. En la misma medida en que este último es más perfecto que el movimiento en línea recta, asimismo esta clase de cuerpo será más perfecta.

La perfección del círculo, en comparación con lo imperfecto de la línea recta, es lo que le hace determinar el grado de superioridad entre ambos movimientos, pues considera perfecto el primero e imperfecta la última, es decir, incompleta. Es así porque en el caso de la línea infinita, ésta no tiene fin ni límite, y tratándose de una línea finita, ésta puede extenderse hacia cualquier punto fuera de ella. Esta es la piedra angular, la base, el fundamento de toda la concepción aristotélica del mundo, sobre la cual descansan todas las otras características: la falta de liviandad y la falta de pesadez, la no-generación y la incorruptibilidad y (con excepción del cambio de lugar) la inmutabilidad, etc. Nos asegura que todas estas propiedades pertenecen a los cuerpos simples que se mueven en círculos, mientras que le asigna las propiedades opuestas de peso, liviandad, corruptibilidad, etc., a los cuerpos que por naturaleza se mueven en línea recta...

SALVIATI— Recuerdo haber oído a nuestro mutuo amigo de la *Academia dei Lincei*[4] discutir el problema (del movimiento acelerado en línea recta y de su relación con el orden cósmico) y, si mal no recuerdo, opinaba lo siguiente: todo cuerpo que, naturalmente, posee la capacidad de movimiento y que por alguna causa es traído al estado de reposo, si se le permitiera comenzaría a moverse. Pero, claro está, únicamente si posee por naturaleza alguna inclinación hacia un lugar en particular. Porque si estuviera dispuesto de la misma manera respecto de todos los lugares, permanecería en reposo, pues no habría ninguna causa que lo inclinara más hacia un lado que a otro. Ahora bien, esta aceleración puede ocurrir sólo si el cuerpo es impulsado hacia adelante durante el curso de su movimiento, que consiste, precisamente, en acercarlo a la meta hacia la cual se esfuerza, es decir, a aquel sitio hacia el que le arrastra su impulso natural, de tal modo que el cuerpo seguirá el camino más corto, es decir, el recto, hacia ese lugar. Como una conjetura bastante

---

[3] Los argumentos aristotélicos que han sido criticados en la sección anterior, que ha sido omitida, son aquéllos a favor de la opinión de que hay tres movimientos simples —movimiento hacia abajo (i.e., hacia el centro), movimiento hacia arriba (i.e., alejándose del centro) y movimiento circular alrededor del centro y que, correspondiendo a cada uno de estos movimientos simples, existe un cuerpo simple para el cual esa clase de movimiento es natural.

[4] Es decir, Galileo, al cual se le menciona ocasionalmente en el transcurso de la discusión como el *Autor* o como *Nuestro Académico*.

razonable podemos decir que la naturaleza, para poder impartir una rapidez particular a un cuerpo capaz de moverse y que antes se encontraba en reposo, lo hace moviéndolo cierta distancia durante cierto tiempo, en línea recta. Si este razonamiento es correcto, imaginémonos que Dios creó la masa, por ejemplo, de Júpiter, y que le quiso dar una rapidez tan y tan grande, que luego pudiese mantener uniformemente hasta la eternidad. Podríamos entonces decir con Platón que Él lo dispuso primero de tal suerte que pudiera adelantarse con un movimiento rectilíneo acelerado y que, una vez hubiese adquirido el grado de rapidez prescrito, Dios convirtió el movimiento rectilíneo en circular (cuya rapidez, naturalmente, debe ser uniforme).

SIMPLICIO— Aristóteles quien, a pesar de su extraordinaria agudeza, no se enorgullecía inmoderadamente de su intelecto, creía que la experiencia de los sentidos merece ser preferida a toda especulación de la mente humana y decía que aquellos que negaban la experiencia de los sentidos merecían expiar tal negación con la pérdida de ellos. Ahora, ¿quién es tan ciego que no vea las partes de la tierra y el agua, como cuerpos pesados, moviéndose por su naturaleza hacia abajo, es decir, en dirección al centro del universo, designado por la misma naturaleza como la meta y fin del movimiento rectilíneo descendente? Y, ¿quién no ve, de igual modo, que el fuego y el aire se mueven en línea recta hacia arriba, a la bóveda de la esfera lunar, meta natural del movimiento ascendente? Pero aquí donde esto es tan claro y evidente y sabemos que la naturaleza del todo y de la parte es la misma, ¿cómo se puede negar que la doctrina del movimiento rectilíneo natural de la tierra hacia el centro y del fuego desde el centro es obviamente una tesis correcta?

SALVIATI— A base de lo que usted ha dicho, a lo sumo se le podría conceder que, al igual que las partes de la Tierra, después de ser separadas del todo, después de ser removidas de su sitio propio, es decir, después de la suspensión y destrucción del orden natural, por naturaleza regresan libremente al todo por un camino recto, igualmente (presuponiendo que la naturaleza del todo y de las partes es la misma) el globo terrestre regresaría con un movimiento rectilíneo a su posición natural, si alguna vez fuese removido violentamente de ese lugar. Esto, como ya he dicho, es lo único que uno podría aceptarle si quisiera concederle el máximo. Pero si quisiéramos ejercer una norma de crítica más estricta, se podría comenzar primeramente negando que las partes de la Tierra, después de ser separadas del todo, regresan a él con un movimiento rectilíneo más bien que con un movimiento circular o combinado.[5] Encontraría usted muy difícil probar lo contrario, como podría ver claramente de las contestaciones que daré luego a las razones especiales y a las experiencias

---

[5] Salviati tiene en mente aquí que el cuerpo que va verticalmente hacia abajo tiene que ser considerado, desde el punto de vista copernicano, como partícipe, al mismo tiempo, de la rotación de la Tierra.

citadas por Aristóteles y Tolomeo. Segundo, si alguien quisiera afirmar que las partes de la Tierra no se mueven con el propósito de acercarse al centro del mundo, sino con el propósito de unirse al todo al que pertenecen y que, por tanto, poseen una tendencia hacia el centro de la Tierra, y que la consecuencia de esta tendencia es hacer posible la construcción y preservación de la esfera terrestre (que de otro modo no sería posible), ¿dónde, en este caso, buscaría usted otro todo y otro centro, hacia el cual pudiera regresar todo el globo terrestre después de una posible alteración en su posición, a fin de que se restaurase la relación adecuada entre el todo y sus partes? Se puede añadir a esto que ni Aristóteles ni usted podrían probar de hecho que la Tierra está en el centro del universo; al contrario, si uno puede atribuir siquiera un centro al universo, es el Sol antes que la Tierra el que debe ser considerado como tal, como verá en el curso de nuestras investigaciones...

SIMPLICIO— Señor Salviati, hágame el favor de hablar de Aristóteles con más respeto. ¿A quién trataría usted de convencer de que él—el único, el primero, el nunca suficientemente admirado investigador de las figuras silogísticas, de la prueba, de la refutación, de los métodos para descubrir sofismas y falacias—haya cometido tal desliz como suponer aquello que va a probar? Caballeros, es mejor que uno primero le comprenda bien para entonces intentar refutarlo.

SALVIATI— Señor Simplicio, aquí estamos practicando la discusión franca a fin de dar con el rastro de ciertas verdades. Nunca lo tomaré a mal si usted descubre mis errores. Si yo no he comprendido lo que Aristóteles quiere decir, corríjame con sinceridad y yo se lo agradeceré. Permítame, por el contrario, exponer mis dudas y también decir algo en respuesta a sus últimas palabras. La lógica es, como usted muy bien sabe, el órgano o instrumento de la filosofía. No obstante, al igual que alguien puede ser un excelente fabricante de órganos y no un organista, igualmente uno puede ser un gran lógico sin tener suficiente habilidad en la aplicación de la lógica. De igual manera, hay muchos que pueden enumerar al dedillo las reglas de la poesía y no aciertan a componer cuatro versos. Otros conocen todos los preceptos de Leonardo da Vinci y se sentirían turbados si tuviesen que pintar un escabel. Se aprende a tocar el órgano, no de aquéllos que saben fabricarlo, sino de aquéllos que saben tocarlo. El arte de la poesía se aprende a través de la lectura continua de los poetas. La habilidad en la primera se adquiere con el asiduo ejercicio del dibujo y la pintura, e igualmente se aprende a hacer pruebas mediante la lectura de aquellos libros que contienen gran abundancia de pruebas, es decir, libros de matemáticas, no libros sobre lógica. Volviendo ahora a nuestro tema, afirmo lo siguiente: lo que Aristóteles percibe del movimiento de los cuerpos livianos es lo siguiente: que el fuego procede hacia afuera desde cualquier punto en la superficie de la Tierra en una línea recta que se aleja de la misma, y asciende, es decir, se mueve hacia una superficie esférica mayor, concéntrica con la de la Tierra. Realmente Aristóteles le hace moverse hacia la bóveda de la esfera lunar. Pero que esta superficie esférica coincide con la circunferencia del mundo, o es concéntrica con ella, de tal manera que un movimiento hacia la primera es también un movimiento hacia la circunferencia del mundo, no se puede sostener a menos que uno presuma de antemano que el centro de la Tierra (desde el cual se separa el cuerpo liviano en ascenso) es también el centro del mundo. Este equivale a decir que la Tierra está en el centro, hecho que dudábamos y que Aristóteles iba a probar. ¿Podría usted negar que esto es obviamente una falacia?

SAGREDO— A mí me parece que este argumento de Aristóteles es imperfecto y no es concluyente desde otro punto de vista, aunque se le concediera que la superficie esférica hacia la que el fuego se mueve directamente es la misma que el límite del mundo. Porque si se considera cualquier punto dentro de un círculo, distinto del centro, algún cuerpo que se mueva en línea recta desde este punto en cualquier dirección, irá indiscutiblemente hacia la circunferencia... Pero de ninguna manera puede uno concluir que un movimiento a lo largo de estas líneas en la dirección contraria está dirigido hacia el centro, a menos que el punto en consideración sea en sí mismo el centro, o que el movimiento ocurra solamente a lo largo de la línea que une ese punto con el centro.... Pero como sabemos que las prolongaciones de los trayectos, a lo largo de los cuales se mueve el fuego pasan a través del centro de la Tierra (ya que ellos son perpendiculares y no oblicuos a su superficie), para justificar la deducción de Aristóteles tendríamos que suponer la identidad entre el centro de la Tierra y el centro del mundo o suponer que las partes de la Tierra y del fuego se mueven hacia arriba y hacia abajo únicamente a lo largo de una misma línea que pasa a través del centro del mundo.

SALVIATI— Usted, señor Sagredo, muy ingeniosamente pone a Aristóteles en el mismo aprieto y señala su error evidente; pero lo que usted dice pone de manifiesto también otra falla. Vemos que la Tierra es una esfera y, por tanto, estamos convencidos de la existencia de su centro. Vemos todas sus partes caer hacia ese centro, cosa que se desprende del hecho de que sus movimientos son siempre perpendiculares a la superficie de la Tierra. Nosotros comprendemos que en sus movimientos hacia el centro de la Tierra se están moviendo hacia su todo, su madre común. ¿Debemos ahora bondadosamente permitir que se nos persuada de que su impulso natural no las guía hacia el centro de la Tierra y sí hacia el centro del universo, el cual no sabemos dónde está, ni aun siquiera si existe? O suponiendo que existe, es meramente un punto imaginario, una nada sin potencia real. En cuanto a la última reclamación del señor Simplicio de que es vacuo afirmar que las partes del Sol, o de la Luna, o de cualquier otro cuerpo celeste, regresarían otra vez al todo al cual pertenecen después de su separación violenta de él, es decir, que esto es imposible ya que Aristóteles prueba que los cuerpos celestes son inmutables, impenetrables e indivisibles, a esta demanda debo contestar que ninguna de las propiedades por las que Aristóteles distingue los cuerpos celestes de los elementales descansa en otras bases que en el argumento de la diferencia en el movimiento local natural de una y otra clase. Por tanto, si uno discute el argumento de que el movimiento circular pertenece a los cuerpos celestes exclusivamente y se lo adscribe a todos los cuerpos que por naturaleza pueden poseer movimiento, luego uno está igualmente obligado a afirmar o negar los atributos de generable o no-generable, mutable o inmutable, divisible o indivisible, en la misma forma para todos los cuerpos cósmicos juntos, en particular, los cuerpos celestes al igual que los elementales; o de lo contrario concluir que Aristóteles estaba completamente equivocado al tratar de deducir estos atributos del movimiento circular.

SIMPLICIO— Este método de filosofar tiende a socavar toda la filosofía natural, conduce al desorden y al cataclismo del cielo, la Tierra y del universo entero. Yo creo que la integridad de los fundamentos de la filosofía peripatética es tal que no debemos preocuparnos de que puedan surgir nuevas ciencias sobre sus ruinas.

SALVIATI— Calme sus temores sobre el cielo y la Tierra. Su destrucción es tan improbable como la de la filosofía. En cuanto al cielo se refiere, usted mismo lo considera inmutable e imperturbable y su zozobra no tiene fundamento. En cuanto a la Tierra, si tratamos de representarla de la misma manera que a los cuerpos celestes, colocarla de cierta manera en el cielo (de donde sus filósofos la han desterrado), esto sólo puede conducir a su ennoblecimiento y perfección. La filosofía puede beneficiarse con nuestras discusiones, porque si nuestras opiniones son correctas, la filosofía se enriquece; si son erróneas, su refutación afianzará las doctrinas ya existentes. Usted, por tanto, sólo debe temer por algunos filósofos y hacer lo posible para ayudarlos y apoyarlos, ya que la ciencia por sí misma sólo puede progresar...

....

SALVIATI— Pero usted, señor Simplicio, ¿qué clase de respuesta hubiese preparado si sus oponentes le enfrentan con estas molestas manchas, las cuales han aparecido para la confusión de los cielos y aún más de la filosofía peripatética? Como su intrépido defensor, seguramente que usted ha encontrado alguna salida, alguna solución para las dificultades, y ésta no debe usted ocultárnosla.

SIMPLICIO— Sobre este punto en particular he oído diversas opiniones. Algunos dicen que las manchas son estrellas que se mueven, al igual que Venus y Mercurio, en sus propias órbitas alrededor del Sol, y que a su paso frente a él aparecen obscuras para nosotros. Como hay un gran número de ellas, ocurre que muchas veces se juntan en grupos y luego se separan. Otros las consideran como fenómenos que tienen lugar en el aire; otros, como ilusiones ópticas producidas por las lentes telescópicas, y así sucesivamente. Pero yo me inclino a la idea, y estoy firmemente convencido, que son agrupaciones de diferentes clases de cuerpos opacos que se juntan en forma más o menos accidental... A mí me parece que ésta es la forma más conveniente que se ha encontrado para explicar este fenómeno sin que haya detracción alguna de la indestructibilidad e ingenerabilidad de los cielos. Y, si después de todo, esto resulta insuficiente, no faltarán mentes cultas que encuentren mejores soluciones.

SALVIATI– Si el objeto de nuestra discusión fuese una cuestión de jurisprudencia, o de cualquier otro asunto humano, en el cual no existiese ni el error ni la verdad, podríamos esperar pacientemente por una mayor sagacidad, por una elocuencia más ágil, por un saber más erudito, y confiar en que aquél que se distinga por esos talentos desplegase en este caso la superioridad de su mente y se hiciese acreedor a las alabanzas. Pero en las ciencias naturales, cuyos argumentos son verdaderos y necesarios, y en donde la discreción humana no tiene lugar, uno debe cuidarse de no tomar el lado del error, ya que miles de hombres, como Demóstenes y Aristóteles, serían derrotados por cualquier mente mediocre, si esta última tuviera la buena suerte de descubrir la verdad. Por tanto, señor Simplicio, pierda la esperanza de que algunos hombres, no importa cuánto más preparados, eruditos y llenos de conocimientos que nosotros, puedan, a despecho de la naturaleza, probar el error como verdad. Entonces, si de todas las razones que hemos ofrecido hasta ahora acerca de la naturaleza de las manchas solares, la que usted ha ofrecido le parece correcta, esto es, si usted está en lo correcto, todas las otras razones tienen que ser falsas por necesidad. Para arrancarle igualmente su creencia en esta ilusión completamente infundada, deseo (sin mencionar miles de otras improbabilidades) citar dos observaciones opuestas. Primero, se ven surgir muchas de estas manchas en el centro del disco solar y también se ven igual número de ellas disolviéndose y desapareciendo lejos de la circunferencia del Sol. Este es un argumento que nos obliga a creer que éstas, realmente, se originan y se disuelven, porque si, sin originarse y desaparecer, se hicieran visibles meramente como consecuencia de su movimiento, se las vería a todas aparecer o desaparecer en el límite de la circunferencia solar. La segunda observación le prueba a aquellos que no ignoran por completo la teoría de la perspectiva, basándose en las aparentes alteraciones en forma y velocidad de las manchas, que éstas deben estar adheridas al cuerpo solar y que se deben mover con él o sobre él, en contacto directo con su superficie, de ningún modo en círculos a cierta distancia del Sol. Esto se deduce por el retraso aparente de su movimiento en la vecindad de la circunferencia del Sol y su aumento aparente cerca de su centro. Lo mismo se puede deducir también por la forma de las manchas, las cuales aparecen largas y estrechas cerca del borde del disco solar, en contraste con su apariencia cerca del centro —esto es consecuencia de que aquí muestran su tamaño completo y su forma verdadera, mientras que cerca del borde aparecen acortadas debido a la visión en perspectiva de la superficie esférica—. Ambos cambios aparentes, tanto de forma como de movimiento, corresponden exactamente, como la observación y los cálculos cuidadosos demuestran, a lo que uno debía esperar si las manchas estuviesen en contacto con el Sol y son, por otra parte, completamente incompatibles con la suposición de un movimiento en órbitas que se encuentren separadas del Sol, aun a una distancia pequeña, como ha sido extensamente demostrado por nuestro amigo en las cartas sobre las manchas solares escritas al señor Marcus Welser...

SIMPLICIO— Debo admitir sinceramente que ni he hecho observaciones cuidadosas ni durante mucho tiempo para poder dominar por completo los datos de este tema. Haré observaciones de todos los casos y luego veré si puedo lograr armonizar los datos de la experiencia con la doctrina aristotélica, porque está claro que dos verdades no pueden estar en contradicción.

SALVIATI— Si usted quiere armonizar las observaciones de los sentidos con las bien cimentadas doctrinas de Aristóteles, eso no le va a costar mucho trabajo. Para probarlo, ¿no dice Aristóteles que las preguntas astronómicas no se pueden analizar con completa exactitud debido a la gran distancia a que están los cielos?

SIMPLICIO— Es cierto.

SALVIATI— ¿No dice igualmente que la experiencia y la percepción de los sentidos merece ser preferida sobre toda especulación, no importa cuán bien fundada esté esta última? ¿Y no dice esto con toda seguridad y sin titubeos?

SIMPLICIO— Así lo hace.

SALVIATI— De estas dos afirmaciones, ambas hechas por Aristóteles, la segunda—que establece la prioridad de la experiencia sensible sobre la especulación—es mucho más concluyente y definitiva que la primera—la que declara a los cielos inalterables—. Por tanto, usted actuará de mayor acuerdo con Aristóteles si usted declara que los cielos son alterables, ya que esto corresponde con la experiencia sensible, en vez de usted decir que los cielos son inalterables porque Aristóteles llegó a esta conclusión por la especulación. Añada a esto el que nosotros podemos juzgar las cosas astronómicas mucho mejor que Aristóteles, ya que él mismo confiesa que estas cosas son difíciles de conocer para él debido a lo remotas que están de los sentidos. Por tanto, concede que aquél cuyos sentidos puedan percibir con mayor agudeza podrá hacer un juicio más certero. Ahora, con el uso del telescopio, los cielos se han acercado a nosotros treinta o cuarenta veces más que lo que estaban para Aristóteles, de tal modo que nosotros podemos ver ahí cientos de cosas que él no conocía. Entre otras cosas, esas manchas solares que eran completamente invisibles para él.

Por tanto, podemos formar un criterio sobre los cielos y el Sol mucho mejor fundado que el suyo.

....

Segundo día

SALVIATI– Ayer nos desviamos tanto y tan frecuentemente del curso recto de nuestra discusión, que me sería imposible, sin vuestra ayuda, volver a encontrarlo y proseguir en él.

SAGREDO– Es fácil comprender el que usted se encuentre un poco confundido, ya que su mente ha estado llena, no solamente de todas las cosas expuestas hasta aquí, sino también de aquellas que aún le quedan por exponer. Por el contrario, yo, que como mero oyente, tengo que retener en la memoria solamente lo que he oído, espero poder desenredar el hilo de nuestra investigación con un breve resumen. Hasta donde mi memoria no me falla, el tema principal de nuestra conversación de ayer fue el siguiente: que examinamos desde sus cimientos cuál de las dos opiniones es más probable y está mejor cimentada: aquélla que postula que la substancia de los cuerpos celestes no se puede generar, destruir, alterar o influenciar; en resumen (con excepción del cambio de lugar) que está muy alejada de cualquier clase de cambio y, por tanto, constituye un quinto elemento, completamente distinto de nuestros cuerpos elementales, generales, destructibles y alterables; o la otra opinión de acuerdo con la cual se elimina esta disparidad entre las partes del universo, y la Tierra más bien goza de las mismas excelencias que los otros cuerpos que constituyen el universo. En resumen, es una bola que se mueve libremente como la Luna, Júpiter, Venus o cualquier otro planeta. Finalmente, subrayamos un número detallado de semejanzas entre la Luna y la Tierra y seguramente mucho más con la Luna que con cualquier otro planeta, debido a que poseemos más información sensible y exacta sobre ella, como consecuencia de su proximidad. Ahora que por fin hemos llegado a la conclusión de que la segunda opinión posee la mayor probabilidad, me parece que debemos examinar la pregunta de si debemos considerar a la Tierra inmóvil, como muchos hombres han creído hasta ahora, o móvil, como algunos filósofos antiguos creían y otros pocos han sugerido recientemente. Y si se mueve, cuál podrá ser la naturaleza de ese movimiento.

SALVIATI– Ahora conozco otra vez qué camino debemos seguir, pero antes de continuar quiero permitirme un comentario sobre sus últimas palabras. Usted dijo que habíamos llegado a la conclusión de que la opinión que sostiene que la Tierra es similar a los cuerpos celestes es más probable que la opinión contraria. Sin embargo, yo no he afirmado esto, de igual manera que no consideraré como probadas ninguna de las otras doctrinas en discusión. Sólo he tenido la intención de exponer los argumentos y contra-argumentos, las objeciones y sus refutaciones, a favor y en contra de ambas opiniones que otros han mostrado hasta ahora, así como algunos más que yo mismo he encontrado en el transcurso de una larga reflexión. Pero la resolución de todas estas preguntas la dejo al criterio de otros.

SAGREDO— Me he dejado llevar por mi propia impresión: en la creencia de que otros deben pensar como yo, he generalizado aquello que debí haber expresado más estrictamente. Verdaderamente, he sido culpable de un error, especialmente debido a que no conozco la opinión del señor Simplicio en este caso.

SIMPLICIO— Confieso que durante toda la noche pensé sobre vuestras discusiones de ayer y encuentro que, en realidad, contienen muchas cosas bellas, nuevas e impresionantes. Aún, a pesar de todo esto, me siento influenciado mucho más por la reputación de dichos grandes escritores, y en particular de… Usted mueve su cabeza y se sonríe, señor Sagredo, como si yo hubiese dicho algo cómico.

SAGREDO— Sólo me sonrío, pero créame que casi me estoy ahogando para poder suprimir una carcajada. Usted me ha hecho recordar una magnífica historia, un suceso que yo presencié hace pocos años junto a varios buenos amigos cuyos nombres podría daros aún.

SALVIATI— Será mejor que diga la historia, o el señor Simplicio seguirá pensando que se ríe de él.

SAGREDO— De acuerdo. Aconteció que cierto día estaba yo en Venecia en la casa de un médico de gran reputación, visitado frecuentemente por diferentes personas: algunas, a causa de sus estudios; otras, sólo por la curiosidad de observar una disección hecha por un anatomista tan erudito como hábil y preciso. El problema, en este día en particular, era investigar el origen y el punto de partida de los nervios, problema que era objeto de una famosa controversia entre los médicos de la escuela de *Galeno* y los peripatéticos. El anatomista demostró cómo el tronco del nervio principal, partiendo desde el cerebro, continúa por el cuello y a través de la espina dorsal y se ramifica hacia afuera por todo el cuerpo; y cómo sólo un hilo muy fino, del espesor de un filamento, llega al corazón. Se volvió luego hacia un noble, que sabía era peripatético (y por quien él había demostrado y expuesto esta materia con extraordinario cuidado), con la pregunta de si no estaba satisfecho y convencido de que los nervios comienzan en el cerebro y no en el corazón. Nuestro filósofo, después de pensar un rato, contestó: "Usted me ha demostrado todo esto con tanta claridad y evidencia, que si el texto de Aristóteles no se opusiera a ello (pues claramente dice que el origen de los nervios se encuentra en el corazón), uno se vería forzado a conceder que usted está en lo cierto".

SIMPLICIO— Sin embargo, señores, debo llamarles la atención hacia el hecho de que esta controversia sobre el origen de los nervios no está, bajo ningún concepto, tan establecida y decidida como quizá muchos se imaginan.

SAGREDO— Podemos estar seguros de que nunca se decidirá, porque nunca faltarán tales oponentes. Sin embargo, lo que usted dice no disminuye lo extraño de la respuesta peripatética, puesto que propuso como evidencia, en contra de esta experiencia manifiesta, no otras experiencias y argumentos citados por Aristóteles, sino meramente la autoridad de Aristóteles y su sola afirmación dogmática.

SIMPLICIO— Pero si uno renuncia a Aristóteles, ¿quién será entonces el guía en la ciencia? ¡Nombre usted alguno!

SALVIATI— Se necesita guía únicamente en territorio salvaje y desconocido, en campo abierto sólo los ciegos requieren protección y el que sea ciego es mejor que se quede en casa. ¡Deje a aquél que tiene ojos, corporales y mentales, tomar dichos ojos como guías! Yo no digo, sin embargo, que uno no debe oír a Aristóteles; al contrario, alabo el estudio cuidadoso y diligente de sus trabajos. Me quejo únicamente cuando uno se entrega a él incondicionalmente, subscribiéndose ciegamente a cada una de sus palabras y aceptándolas como un decreto inviolable sin una búsqueda de otras razones. Esto es un abuso que tiene como consecuencia otro grave mal: uno ya no se toma el trabajo de convencerse del rigor de sus pruebas. ¿Hay algo más vergonzoso que observar en las discusiones públicas, cuando se trata de una cuestión de afirmaciones que son demostrables, cómo de pronto alguien presenta una cita—que muchas veces trata de un tema completamente diferente—y de ese modo hace callar a su oponente? Pero si ustedes están verdaderamente decididos a estudiar en esta forma, en lo futuro no se llamen filósofos, sino historiadores o doctores del aprendizaje de memoria; porque quien nunca filosofa no debe reclamar el honorable título de filósofo. Haríamos bien en dirigirnos otra vez hacia la orilla para no ser arrastrados a un mar sin límites, fuera del cual no podríamos encontrar nuestro camino en todo este día. Por tanto, señor Simplicio, muéstrenos sus demostraciones o las razones y pruebas de Aristóteles, pero no meras autoridades y citas ya que nuestras investigaciones tienen el mundo de los sentidos como su objeto, no un mundo de papel. Ya que en nuestra investigación de ayer sacamos a la Tierra de la obscuridad y la colocamos en los cielos—esto debido a que demostramos que la opinión a favor de su relación con los llamados cuerpos celestes no ha sido bien refutada y derrocada como para no tenerla en cuenta—, tenemos que examinar ahora qué razones hay para recomendar la opinión de que está fija y sin ninguna clase de movimiento (me refiero a la bola terrestre como todo) y de otra parte qué fundamentos de probabilidad puede haber para su movimiento y para una u otra clase de movimiento en particular.

Los argumentos que se ofrecen sobre esta cuestión son de dos clases. Algunos tienen relación con los procesos terrestres y no tienen nada que ver con las estrellas, mientras que los otros se toman de los fenómenos y observaciones de los cielos. Los argumentos de Aristóteles se toman principalmente de las relaciones en nuestro medioambiente, las otras él las deja a los astrónomos. Sería aconsejable, por tanto, si usted está de acuerdo, examinar primero los argumentos tomados de las experiencias terrestres y luego podemos pasar a los otros...

Todos consideran como el argumento más poderoso aquel que trata de los cuerpos pesados, en cuanto que éstos en su caída llegan a la superficie de la Tierra según una línea recta y perpendicular, una prueba aparentemente irrefutable en favor de la inmovilidad de la Tierra. Si la Tierra tuviera en realidad una rotación diaria, entonces una torre, desde cuya cima se ha dejado caer una piedra, sería arrastrada por la rotación de la Tierra de manera que, mientras la piedra estaba cayendo, la torre se habría movido varios cientos de yardas, de lo que se infiere que la piedra debe caer a esta distancia de la base de la torre. Como confirmación de esto, ellos citan otro experimento: a saber, la caída de una bola de plomo desde la cima del mástil de un barco. Si el barco no se está moviendo, ellos marcan el lugar donde la bola cae y éste es precisamente en la base del mástil. Pero si uno deja caer la misma bola desde el mismo lugar cuando el barco se está moviendo, el punto en donde la bola cae estará tan distante del primero cuanto el barco se haya movido hacia adelante durante la caída, y ciertamente sólo por razón de que el movimiento natural de la bola, dejada a sí misma, está dirigido directamente hacia el centro de la Tierra. Este argumento adquiere más fuerza aún del experimento con un cuerpo lanzado hacia arriba a una gran distancia, por ejemplo, una bala disparada desde un cañón colocado verticalmente hacia arriba. Ese cuerpo necesita tanto tiempo para subir y bajar que, en nuestra latitud, el arma y el observador serían llevados muchas millas hacia el este con la Tierra y la bala en descenso nunca podría caer en la vecindad del arma, si no tan hacia el oeste de ella cuanto la Tierra se haya movido mientras tanto. A éstos se añade un tercer experimento muy notable que consiste en lo siguiente: se dispara una bala al cielo con una culebrina apuntada hacia el este y luego hacia el oeste con la misma carga de pólvora y el mismo ángulo de elevación. La distancia recorrida hacia el oeste tendría que ser mucho mayor que la recorrida hacia el este. Porque si la bala se está moviendo hacia el oeste, mientras el arma es llevada hacia el este por la Tierra, la bala tendría que caer en tierra a una distancia del arma igual a la suma de las distancias individuales, es decir, de aquella distancia cubierta por la bala en su movimiento hacia el oeste y aquella cubierta por el arma y la Tierra en su movimiento hacia el este. Por el contrario, el camino de la bala disparada hacia el este tendrá que ser disminuido por la distancia cubierta por el arma en esta misma dirección... Pero la experiencia nos demuestra que los dos disparos tienen el mismo efecto y, por tanto, el arma debe estar en reposo, al igual que la Tierra. Y tan demostrativo para la inmovilidad de la Tierra como estos disparos son aquéllos hacia el norte o hacia el sur; ya que uno nunca podrá dar en el blanco sobre el cual se enfoca el arma debido a que el blanco sería arrastrado por la Tierra hacia el este mientras la bala se mueve por el aire... Pero la experiencia contradice todo esto y, por tanto, uno debe llegar a la conclusión de que la Tierra está inmóvil.

SALVIATI– ...Continuemos. Tolomeo y sus seguidores añaden otro dato de la experiencia, parecido a éste de los cuerpos proyectados. Se refiere a aquellas cosas, separadas de la Tierra, que están suspendidas en el aire durante un tiempo considerable como, por ejemplo, las nubes y los pájaros en vuelo. Como no podemos decir que estas cosas son arrastradas por la Tierra, ya que no están en contacto con ella, parece imposible que ellas puedan mantenerse a la par con el movimiento rápido de la Tierra; al contrario nos parecería como si todas ellas se movieran rápidamente hacia el oeste. Si nosotros, llevados por la Tierra, recorremos nuestro círculo de latitud en veinticuatro horas, esto es, una distancia de por lo menos 16,000 millas, ¿cómo podrán los pájaros competir con este movimiento? Pero en contra de esto les vemos volando hacia el este y hacia el oeste con igual facilidad, sin ninguna diferencia notable. Lo mismo ocurre con sus movimientos hacia cualquier otro punto de la brújula. Más aún, el correr ligero produce la sensación de una ráfaga fuerte de aire en contra de nuestra cara; luego, ¿cuán impetuoso no sería el viento que debiéramos sentir continuamente del este, si fuéramos llevados hacia adelante en una marcha tan rápida en contra del aire? Sin embargo, uno no siente nada parecido a esto. Otro argumento ingenioso que está basado en una experiencia particular es el siguiente: en cuerpos que se mueven en círculos, las partes muestran una tendencia a alejarse del centro, a huir de él y a dispersarse, a menos que el movimiento sea muy lento o que las partes en cuestión estén firmemente unidas. Piense, por ejemplo, en una de estas gigantescas ruedas que, puestas en movimiento por uno o más hombres colocados dentro de ella, sirven para levantar cargas enormes, tales como... barcos que llevan cargas y que son transportados de una vía de agua a otra, siendo arrastrados por tierra. Si pusiéramos a esta rueda a moverse con un movimiento bien rápido, y si sus partes no estuvieran unidas por una fuerza excepcional, éstas se desprenderían súbitamente. O, si colocásemos en su circunferencia piedras u otras masas pesadas, no podrían resistir ese impulso aunque fueran sujetadas fuertemente y serían proyectadas fuera de la rueda con gran violencia en todas direcciones y, por tanto, desde el centro de movimiento. Y si la Tierra se moviese con una velocidad más y más grande aún, ¿con qué enorme peso, o con qué cemento o cal pegajosa tendrán que estar sujetas las piedras, casas y ciudades enteras para poder permanecer en sus sitios de tal modo que no sean proyectadas hacia los cielos por el torbellino desgarrador? Y los hombres y las bestias que ni siquiera están unidos a la Tierra, ¿cómo podrán ellos soportar tal fuerza? Sin embargo, por el contrario, vemos no solamente éstas, sino otras cosas menos resistentes –piedras pequeñas, granos de tierra y hojas– situadas en la Tierra muy quietas y cayendo derechas hacia ella (aun cuando descienden muy despacio). Estos, señor Simplicio, pueden ser considerados como los argumentos principales que se relacionan a las cosas terrestres. Quedan aún las otras clases de argumentos, es decir, aquéllos que se relacionan con los fenómenos celestes. Pero éstos tienen de hecho el propósito de probar que la Tierra está en el centro del universo y que, por tanto, no puede tener el movimiento anual que Copérnico le atribuye alrededor del centro. Podemos considerar éstos más tarde, ya que tratan de un asunto completamente diferente, después que hayamos examinado la validez de aquellos ya expuestos.

....

...Podemos pasar ahora a considerar el argumento de Aristóteles, que debemos examinar con detalle considerable, ya que está basado en esa experiencia de la cual derivan su fuerza la mayoría de los argumentos restantes. Aristóteles afirma que el argumento más seguro para la inmovilidad de la Tierra es la observación de que los cuerpos proyectados al aire verticalmente regresan, a lo largo de la misma línea, al mismo sitio desde el cual fueron lanzados. Y esto aun cuando el movimiento haya alcanzado una gran altura. Pero esto no podría ocurrir así si la Tierra se moviese, ya que durante el tiempo en que el cuerpo proyectado, separado de la Tierra, se movía hacia arriba y hacia abajo, su punto de partida se habría movido hacia el este una distancia considerable como consecuencia de la rotación de la Tierra. Por tanto, al caer, el cuerpo deberá tocar la Tierra a esta distancia del punto en cuestión. Así que el argumento puede ser tomado tanto de un disparo hecho directamente hacia arriba por un cañón, como del otro empleado por Aristóteles y Tolomeo, de que los cuerpos pesados que caen de lo alto se observa descienden a tierra a lo largo de una línea recta y perpendicular. Ahora, para comenzar a desenredar estos líos, yo le pregunto al señor Simplicio: si alguien fuese a refutar la teoría de Aristóteles y de Tolomeo de que los cuerpos que caen libremente descienden en líneas rectas y perpendiculares, es decir, líneas dirigidas hacia el centro, ¿por qué medios lo probarían?

SIMPLICIO— Por medio de la percepción de los sentidos, que nos enseña que esa torre es recta y perpendicular y que nos muestra que aquella piedra roza la torre al caer, sin desviarse ni el ancho de una mano a un lado u otro, y llega a la base de la torre exactamente bajo el punto desde donde se lanzó.

SALVIATI— Pero si por casualidad la Tierra girara o se moviera en un círculo y, como consecuencia, la torre se moviera con ella y, si aún así, la observación nos enseñara que la piedra que cae lo hace rozando la torre, ¿cómo estaría entonces constituido su movimiento?

SIMPLICIO— En este caso, hablaríamos de "sus movimientos", porque uno de ellos sería aquél por el cual la piedra va de una posición elevada a una más baja, mientras que también tendría que poseer un segundo movimiento para poder seguir tras el movimiento de la torre.

SALVIATI– Así que su movimiento se compondría de dos; es decir, uno por el cual desciende a lo largo de la torre y otro por el que sigue tras la torre. De esta composición se deduciría que ya la piedra no describe esa línea sencilla, recta y perpendicular, sino una oblicua y, posiblemente, curva.

SIMPLICIO– Si será curva, yo no lo sé; pero entiendo muy bien que necesariamente debe ser oblicua y distinta de la línea recta que describió en el caso en que la Tierra estaba inmóvil.

SALVIATI–Por tanto, de la sola circunstancia de que usted ve a la piedra que cae moverse a lo largo de la torre, usted no puede concluir con certeza que su movimiento es recto y perpendicular. Además de esto, tendrá que suponer primero que la Tierra está en reposo.

SIMPLICIO– Así es, porque si la Tierra se moviese, el movimiento de la piedra sería oblicuo y no perpendicular.

SALVIATI– De este modo usted mismo ha descubierto en forma clara y precisa la falacia del argumento de Aristóteles y Tolomeo: el argumento presupone, como conocido, precisamente aquello que se va a probar.

SAGREDO– Si es posible, yo quisiera defender al señor Simplicio en favor de Aristóteles, o, por lo menos, convencerme mejor de la fuerza lógica de su argumentación. Usted dice: la observación del movimiento de la piedra a lo largo de la torre no es suficiente para asegurarnos de que el movimiento de la piedra es perpendicular..., a menos que uno presuponga de antemano que la Tierra está en reposo, que es lo que estamos tratando de probar. Porque si la torre se movió con la Tierra y la piedra cayó a lo largo de ella, luego el movimiento de la piedra sería oblicuo y no perpendicular. A esto yo contesto: si la torre se moviese, entonces sería imposible para la piedra, al caer, descender paralelamente junto a ella y, por tanto, la inmovilidad de la Tierra se infiere de la observación de que la piedra cae a lo largo de la torre.

SIMPLICIO– Esto también es así, porque para que la piedra pueda descender a lo largo de la Torre mientras ésta se mueve con la Tierra, tendría que poseer dos movimientos naturales—el movimiento en línea recta hacia el centro y el movimiento circular alrededor del centro—, lo cual es imposible.

SALVIATI– Luego la defensa de Aristóteles consiste en esto: en que es imposible para la piedra, por lo menos, de acuerdo con su opinión, ejecutar un movimiento que está formado por la combinación de movimientos circulares y movimientos en línea recta... Pero esto de ningún modo excusa a Aristóteles, no sólo porque él debió de haber establecido explícitamente un punto tan importante en su demostración, sino también porque, en realidad, uno no puede sostener tampoco que tal movimiento compuesto es imposible, ni tan siquiera creer que Aristóteles lo consideraba imposible. Uno no puede hacer lo primero porque, según demostraré dentro de poco, esto es posible y de hecho necesario, y uno no puede ni siquiera asegurar lo segundo, porque el mismo Aristóteles admite que el fuego se mueve naturalmente hacia arriba en una línea recta y, al mismo tiempo, participa de la rotación diaria, la cual (según él) es impartida desde los cielos a todo el elemento de fuego y a la mayor parte del aire. Luego, si él no considera imposible que el movimiento rectilíneo hacia arriba se combinara con el movimiento circular que es impartido al fuego y al aire desde la esfera lunar, menos aún consideraría como imposible la combinación del movimiento rectilíneo hacia abajo con el movimiento circular, en el caso de la piedra, ya que el movimiento circular en este caso sería propio de todo el globo terrestre, del cual la piedra forma parte (y, por tanto, no tendría que ser impartido desde ninguna otra cosa).

SIMPLICIO— Yo no creo eso, porque si el elemento del fuego, al igual que el del aire, participa en el movimiento circular, entonces es muy posible, realmente necesario, que un poco de fuego subiendo desde la Tierra reciba, al pasar a través de la atmósfera que se está moviendo, el mismo movimiento, ya que se trata de un cuerpo fino, liviano y que se puede mover con suma facilidad. Pero el que una piedra muy pesada, o una bala de cañón (que tiene su propia tendencia intrínseca), cayendo desde cierta altura pueda permitir ser llevada por el aire o por cualquier otra cosa, esto raya en lo completamente increíble...

SALVIATI— ...pero el movimiento diurno se le atribuiría a la Tierra y, por tanto, a todas sus partes, como algo propio y natural a ellas. Implantado en ellas por la naturaleza, debe unirse indestructiblemente a ellas. Por tanto, la piedra en lo alto de la torre debe comenzar su caída con esta tendencia a moverse alrededor del centro de su todo (el globo terrestre) en veinticuatro horas; y siempre obedece a esta inclinación natural, no importa en qué situación se la coloque. Para convencerse de esto, solamente es necesario que usted eche a un lado una concepción implantada hondamente y se diga a sí mismo: hasta ahora yo he creído que es una propiedad de la Tierra el permanecer en reposo, sin ninguna rotación alrededor de su centro; por tanto, nunca he encontrado una dificultad o una contradicción en la concepción de que cada una de sus partes persiste en ese mismo estado de reposo. Pero si el impulso natural del globo terrestre es ejecutar una rotación en veinticuatro horas, entonces igualmente cada una de sus partes debe tener la invariable y naturalmente implantada inclinación de no permanecer en reposo, sino de participar en el mismo movimiento... La piedra que comienza a moverse desde lo alto de la torre se encuentra a sí misma en un medio que posee el mismo movimiento que todo el globo terrestre, de tal modo que, en vez de ser estorbada por el aire, es ayudada por su movimiento y puede seguir mucho mejor el curso general de la Tierra.

SIMPLICIO— Yo no comprendo cómo el aire puede ser capaz de imprimir sobre un gran bloque de piedra o una bola fuerte de hierro o de acero—que pese, digamos, doscientas libras—, el movimiento del cual él participa y el cual, por supuesto, realmente le imparte a los cuerpos muy livianos, como las plumas o los copos de nieve. La experiencia me demuestra lo contrario: que un peso de tal magnitud expuesto a los vientos más tempestuosos no se mueve, sin embargo, ni el grueso de un dedo. Considere luego, por usted mismo, si el aire puede arrastrarlo consigo.

SALVIATI— Hay una gran diferencia entre su observación y el caso en cuestión. Usted deja que el viento actúe sobre una piedra que está en reposo, pero nosotros dejamos que el aire, que ya está en movimiento, actúe sobre la piedra, la cual también se está moviendo con la misma velocidad. El aire, por tanto, no tiene que comunicarle un nuevo movimiento a la piedra, sólo sostener, o mejor aún, no entorpecer el movimiento que ya está presente. Usted quiere poner la piedra en un movimiento ajeno a ella, no propio de ella por naturaleza; nosotros queremos mantenerla en su movimiento natural. Si quiere ofrecer un ejemplo más apropiado, usted tiene que decir que se debe observar—si no con los ojos del cuerpo, por lo menos con los ojos de la mente—qué sucedería si un águila, llevada por la fuerza del viento, dejara caer una piedra desde sus garras. La piedra, en el instante en que es liberada por las garras, posee ya la misma rapidez que el viento, y entra en un medio que ya se está moviendo tan rápidamente como ella misma. Yo abrigo, por tanto, la fuerte esperanza de que uno no la vería caer perpendicularmente hacia abajo, sino que seguiría simultáneamente la dirección del viento y, por añadidura, aquel movimiento debido a su propio peso, de tal modo que ejecutaría un movimiento oblicuo.

SIMPLICIO— Se tendría que estar en condiciones de poder hacer tal experimento y dejar que el resultado guiara su decisión. Hasta entonces, los datos sobre el barco parecen estar de acuerdo provisionalmente con nuestra opinión.

SALVIATI— Está usted en lo cierto al decir "provisionalmente", porque dentro de poco el asunto podrá presentar un aspecto diferente. Aunque para no probar su paciencia por más tiempo, dígame, señor Simplicio: ¿creyó usted sinceramente que el experimento del barco es tan apropiado a nuestro asunto que debemos esperar un resultado con el globo terrestre semejante al del barco?

SIMPLICIO— Indiscutiblemente he creído eso hasta ahora, y aunque usted ha enumerado algunas pequeñas diferencias, éstas no me parecen tan decisivas como para cambiar de opinión.

SALVIATI— Me satisface, efectivamente, que usted persevere en ella y permanezca firmemente convencido de que los fenómenos en la Tierra deben ser análogos a los del barco. Sólo deseo que no permita que el capricho se apodere de usted y lo haga cambiar su opinión cuando no le resulte favorable a su propósito. Usted dice: en el barco en reposo la piedra cae al pie del mástil, pero en el barco que se mueve cae a cierta distancia de la base del mástil; por tanto, cuando la piedra cae en la base, podemos inferir que el barco está quieto y del mismo modo se infiere que, cuando la piedra cae a cierta distancia de la base del mástil, el barco se está moviendo. Ahora, como lo que es cierto del barco debe también ser cierto para la Tierra, de la caída de la piedra al pie de la torre se puede deducir la inmovilidad del globo terrestre. ¿No es ésta su prueba?

SIMPLICIO— Sí, y en una forma muy concisa, lo cual facilita su comprensión.

SALVIATI— Ahora dígame: si la piedra, dejada caer desde el mástil del barco que se mueve rápidamente, cayera precisamente en el mismo punto que en el barco en reposo, ¿qué valor tendrían estos experimentos de caída para la decisión de la pregunta de si el barco está en reposo o en movimiento?

SIMPLICIO— Absolutamente ninguno, al igual que, por ejemplo, no se puede decir si alguien está dormido o despierto por el latido del pulso, ya que el pulso late de la misma manera para un hombre despierto o dormido.

SALVIATI— Muy bien. ¿Ha hecho usted alguna vez el experimento del barco?

SIMPLICIO— No lo he hecho, pero sí creo que los escritores que lo citan lo han llevado a cabo con mucho cuidado. Más aún, la causa de la diferencia es tan obvia, que no hay lugar a dudas.

SALVIATI— El que esos autores muy bien puedan referirse al experimento sin haberlo hecho es un asunto para el cual su propio ejemplo ofrece un testimonio claro. Sin haberlo intentado, usted citó el resultado como algo seguro y creyó de buena fe en sus palabras. Es posible, indudablemente necesario, el que procedieran también de esta manera, es decir, fiándose de sus predecesores, de modo que tal vez ni siquiera podamos encontrar uno solo que en realidad haya hecho el experimento; porque cualquiera que haga el experimento encontrará que lo que ocurre es exactamente lo contrario de lo que se ha escrito sobre el particular. El resultado será que la piedra siempre cae en el mismo punto en el barco, no importa si este último está quieto o moviéndose con cierta velocidad. Y como la Tierra y el barco deben mostrar las mismas relaciones, el descenso perpendicular de la piedra y su caída al pie de la torre no justifican conclusión alguna sobre el movimiento o el reposo de la Tierra.

SIMPLICIO— Si no fuera porque usted me está refiriendo al camino de la experimentación, pensaría que nuestras conversaciones no terminarían nunca porque esta pregunta me parece tan inaccesible a la especulación humana, que nadie puede atreverse a creer o a conjeturar algo en este caso.

SALVIATI— Y, sin embargo, yo me atrevo a hacerlo.

SIMPLICIO— No sólo no ha hecho usted cientos de experimentos, sino que no ha hecho ni siquiera uno. Sin embargo, ¿está usted seguro, sin más, del resultado? Vuelvo a mi incredulidad y a mi opinión original: que los autores más importantes que citan el experimento también lo han llevado a cabo y con el resultado que ellos han reportado.

SALVIATI—Estoy seguro, sin experimento alguno, que el acontecimiento sucederá como he dicho porque debe ser así. Más aún, aseguro que usted sabe esto por sí mismo, a pesar de que actúa o pretenda actuar como si no lo supiera. Pero yo soy un psicólogo tan magistral que le obligaré a una confesión. Pero, señor Sagredo, usted está tan callado y, sin embargo, por su parte me pareció que quería decir algo.

SAGREDO— En realidad quería hacer un comentario, pero su declaración de que intentaba ejercer tal violencia sobre el señor Simplicio que le obligaría a revelar su conocimiento tan astutamente escondido, me ha puesto muy curioso y ha sofocado cualquier otro deseo. Le ruego, por tanto, lleve a cabo su jactancia.

SALVIATI— Si el señor Simplicio tuviera solamente la bondad de contestar mis preguntas, no fallaré.

SIMPLICIO— Contestaré todo lo que sepa y confío que lo haré, sin embargo, porque en mi pensar no puedo saber nada que considere falso. Todo conocimiento tiene por objeto la verdad, no el error.

SALVIATI— Yo no quiero que usted diga o conteste que usted sabe algo que en realidad no conoce con seguridad. Dígame entonces, si usted tuviera una superficie que no fuese horizontal, sino un tanto inclinada, hecha de un material tan fuerte como el acero, plana y completamente pulida como un espejo y, si colocara sobre ella una bola perfectamente esférica de un material bien fuerte y pesado, digamos de bronce, ¿qué haría en su opinión la bola si se la dejara quieta? ¿No cree usted, al igual que yo, que se quedaría quieta?

SIMPLICIO— ¿La superficie va a estar inclinada?

SALVIATI— Por supuesto, ya he establecido esta hipótesis.

SIMPLICIO— Yo no creo, bajo ninguna circunstancia, que se quedaría quieta; muy al contrario, estoy completamente seguro de que se movería por sí misma hacia el lado inclinado.

SALVIATI— Tenga cuidado con lo que dice, señor Simplicio. Estoy convencido, le aseguro, que se quedaría en reposo donde quiera que usted la pusiera.

SIMPLICIO— Si usted se basa en esta clase de hipótesis, entonces yo empiezo a comprender por qué llega a conclusiones completamente falsas.

SALVIATI— Luego, ¿da por sentado que la bola se movería por sí misma hacia el lado inclinado?

SIMPLICIO— ¡Qué pregunta!

SALVIATI— ¿Y considera esto cierto, no porque yo se lo haya enseñado—ya que he tratado de persuadirle de lo contrario—, sino por su buen sentido y por su libre y propio impulso?

SIMPLICIO— Ahora comprendo su trampa. Usted ha hablado así sólo para analizarme, como dice la gente, no porque creyera realmente lo que dijo.

SALVIATI— Así es. Pero ahora, ¿por cuánto tiempo y con qué rapidez continuaría moviéndose la bola? Note que he hablado de una bola perfectamente redonda y de un plano especialmente liso, con el propósito de excluir todos los impedimentos accidentales y externos. En la misma forma desearía que no tomase en consideración el aire, el cual constituye un estorbo, puesto que ofrece resistencia contra la penetración, e igualmente con todos los otros obstáculos accidentales, si algunos otros estuviesen presentes.

SIMPLICIO— Ya le he comprendido perfectamente y contesto su pregunta así: la bola continuaría moviéndose indefinidamente si la inclinación del plano se extendiese bastante lejos y realmente con un movimiento continuamente acelerado. Esto es una consecuencia de la naturaleza de los cuerpos pesados; ellos adquieren fuerza al descender. Por tanto, la velocidad será mayor mientras más pronunciada sea la inclinación del plano.

SALVIATI— Si uno quisiera que la bola se moviese hacia arriba por el mismo plano, ¿cree usted que lo haría?

SIMPLICIO— No espontáneamente, pero lo haría si uno la empujara o le diera con fuerza hacia arriba.

SALVIATI— Y, si mediante un fuerte impulso, fuese llevada hacia arriba, ¿de qué clase y de qué duración sería su movimiento?

SIMPLICIO— El movimiento sería cada vez más débil y lento, ya que es contrario a su naturaleza. Duraría más o menos tiempo, dependiendo de la fuerza del impulso y del grado de inclinación del plano.

SALVIATI— A mí me parece que hasta ahora usted ha descrito el comportamiento de un cuerpo moviéndose en dos planos diferentes. En el plano inclinado, dice usted, el cuerpo pesado se mueve espontáneamente hacia abajo con un movimiento continuamente acelerado y para poder mantenerlo en reposo, sobre él hay que ejercer una fuerza. Pero en el caso del plano ascendente se necesita hacer fuerza para moverlo hacia adelante y para sujetarlo. El movimiento que se le comunica en este caso, añade usted, disminuye continuamente y, finalmente, cesa por completo. Usted, además, asegura que en uno y otro caso existe una diferencia si la pendiente o inclinación es mayor o menor. En esta forma la inclinación mayor da origen a una rapidez mayor; mientras que en el otro caso el mismo cuerpo, empujado con la misma fuerza, se movería una distancia tanto mayor en el plano ascendente cuanto menor sea su elevación. Dígame ahora qué pasaría con el mismo cuerpo en una superficie que ni asciende ni desciende.

SIMPLICIO— Aquí debo reflexionar un poco antes de contestar. Ya que no existe ningún declive no puede presentarse ningún impulso natural hacia el movimiento. Igualmente, como no hay ninguna subida, no existe tampoco una resistencia al movimiento. El cuerpo, por tanto, no debe poseer ni una inclinación a moverse ni una resistencia a moverse. Según me parece a mí, debe, por naturaleza, quedarse en reposo. Pero, ¡qué olvidadizo soy! No hace mucho que el señor Sagredo me dijo que así debía ser.

SALVIATI— Esta es mi creencia también, suponiendo que uno colocara la bola en reposo. Pero si uno le diese un impulso en una u otra dirección, ¿qué sucedería?

SIMPLICIO— Yo no puedo descubrir ninguna causa para la aceleración o para la deceleración, ya que no hay ni una subida ni una bajada.

SALVIATI— Bien, pero si no hay causa para la deceleración, menos aún puede haberla para el reposo. ¿Por cuánto tiempo debe entonces el cuerpo continuar moviéndose?

SIMPLICIO—Mientras lo permita la extensión de este plano, que ni asciende ni desciende.

SALVIATI— Luego, si esta extensión no tuviese límites, el movimiento sobre el plano no tendría tampoco límite, o sea, sería eterno. ¿No es así?

SIMPLICIO— Así me parece a mí, suponiendo que el cuerpo sea de un material duradero.

SALVIATI— Sí, hemos supuesto esto al decir que suprimiríamos todos los obstáculos accidentales y externos. La destructibilidad del cuerpo en este caso sería uno de los obstáculos accidentales...

Ahora bien, un barco que viaja en un mar sereno es uno de estos cuerpos que se mueve en una superficie que ni sube ni baja, tal como hemos estado hablando. Por tanto, tiene una tendencia, si se eliminan todos los obstáculos accidentales y externos, a moverse uniformemente y sin fin, con esa rapidez inicial que se le ha dado.

SIMPLICIO— A mi me parece que así debe ser.

SALVIATI— ¿Y no es verdad que la piedra atada al vigía y llevada por el barco también efectúa un movimiento... que continúa indestructiblemente, sin considerar los obstáculos externos. ¿Y no es este movimiento exactamente tan rápido como el del barco?

SIMPLICIO— Hasta aquí todo está en orden; ¿qué más?

SALVIATI— Llegue usted mismo a la conclusión final, ya que ahora es el momento propicio. Usted mismo ha confirmado todas las premisas.

SIMPLICIO— Como conclusión final usted pretende que esa piedra, debido a que su movimiento está impreso en ella en forma indestructible, no lo perderá, sino que seguirá al barco y, finalmente, caerá en el mismo sitio que cuando el barco está en reposo. Yo también creo que sucedería esto si los obstáculos externos no intervinieran para alterar el movimiento de la piedra después que ésta se suelta. Pero dos de esos obstáculos están presentes. Uno consiste en esto: que el cuerpo no se encuentra en condiciones de abrirse paso por el aire con su propio impulso únicamente, ya que la fuerza de los remos no está actuando sobre él, como lo hacía cuando, atado al mástil, formaba parte del barco. El otro obstáculo es el nuevo movimiento de caída, que necesariamente debe obstaculizar el avance.

SALVIATI— Mientras se trate de la resistencia del aire, yo no lo niego y, si el cuerpo que cae fuese de un material liviano, por ejemplo, una pluma o un pedazo de lana, el retraso sería muy grande; pero en el caso de una piedra pesada el retraso es extremadamente pequeño. Usted mismo ha dicho hace poco que la fuerza de un viento tempestuoso no es suficiente para mover de su sitio una roca sólida. Considere entonces qué se podría lograr sobre una piedra con el aire en reposo cuando esta última se mueve en contra del aire a una velocidad menor que la del barco. No obstante, como ya he dicho, yo le concedo la pequeña diferencia que esta resistencia ejerce. Pero, de la misma manera, estoy seguro que usted me concederá que esta influencia casi desaparecerá tan pronto el aire se mueva con la misma rapidez que el barco. Por lo que respecta al otro punto, es decir, el movimiento hacia abajo que interviene con el movimiento hacia el frente, primeramente, está claro que los dos movimientos no son opuestos uno al otro y no se cancelan mutuamente y no son incompatibles uno con el otro porque, en cuanto del cuerpo en movimiento se trata, éste no posee ninguna tendencia contraria al movimiento en cuestión. Usted mismo dijo que su aversión era para el movimiento hacia afuera del centro de la Tierra, mientras que tenía una inclinación por el movimiento que conducía hacia el centro. De esto necesariamente se deduce que, para el movimiento que no produce ni acercamiento hacia, ni separación del centro, el cuerpo no tiene ni inclinación ni aversión y, como consecuencia, no hay ninguna razón para que disminuya el impulso impreso sobre él. Ahora, como en el caso presente no existe solamente una causa para el movimiento que pueda debilitarse con la nueva influencia, pero más bien dos distintas actuando simultáneamente—una de ellas, el peso del cuerpo, simplemente tratando de que éste se acerque al centro, mientras que la otra, el movimiento impreso, tratando de moverlo hacia adelante horizontalmente–, no hay aquí ocasión alguna para que una obstaculice la otra.

SIMPLICIO— En la superficie su argumento es completamente plausible, pero, en verdad, posee una dificultad de la cual será difícil librarlo. Usted considera como algo obvio y bien conocido el hecho de que el cuerpo proyectado, libre del agente que lo proyecta, continúa su movimiento por virtud del poder que el agente proyector ha impreso en él. Pero este poder impreso es algo prohibido en la filosofía peripatética. Por el contrario, esa escuela sostiene, como usted muy bien debe saber, que el cuerpo proyectado es llevado por el medio, que en este caso es el aire. Por tanto, si la piedra, al soltarla del mástil, siguiera el movimiento del barco, uno tendría que demostrar que este efecto proviene del aire y no se debe a un poder impreso en la piedra. Pero usted asume que el aire no participa del movimiento del barco, antes bien, está quieto. Más aún, la persona que deja caer la piedra no se debe considerar que la proyecta, ni que le comunica un impulso por medio de su brazo. Esa persona sólo debe abrir la mano y soltar la piedra. Por tanto, la piedra no podrá seguir el movimiento del barco, ni a causa de un movimiento que le ha sido comunicado por la mano del que la lanza, ni a causa de la cooperación del aire y, como consecuencia, debe quedarse atrás.

SALVIATI— Sus palabras parecen indicarme que si la piedra no es lanzada por el brazo de alguien, su movimiento no puede ser considerado bajo ninguna circunstancia como proyectado.

SIMPLICIO— Uno no puede hablar aquí de un verdadero movimiento de proyectil.

SALVIATI— Luego lo que Aristóteles dice sobre el movimiento del cuerpo y la causa del movimiento del proyectil, no tiene nada que ver con nuestro asunto. Si no tiene nada que ver con él, ¿por qué lo menciona usted?

SIMPLICIO— Yo me refiero a ello por causa del alegado poder impreso que usted ha mencionado y ha usado. Ya que esto ni siquiera existe en el mundo, no puede tener ningún efecto (las cosas que no existen no pueden actuar). Uno debe, por tanto, buscar la causa del movimiento en el medio, no sólo en el caso del movimiento de un proyectil, sino en el caso de todo otro movimiento que no sea natural. La discusión precedente no ha prestado atención a esto y, por tanto, no posee valor.

SALVIATI— Muy bien, como usted guste. Pero dígame, ya que su objeción se apoya completamente en la inexistencia de algún poder impreso, si yo logro probar que, después del escape de un cuerpo proyectado, el medio no tiene nada que ver con la continuación de su movimiento, ¿aceptaría usted entonces la existencia de un poder impreso o lanzaría contra él un ataque con otras armas?

SIMPLICIO— Una vez refutado el efecto del medio, no veo ningún otro refugio que el poder impreso por el lanzador.

SALVIATI— Para evitar hasta donde sea posible un debate sin fin, sería conveniente que usted expusiera tan claramente como le sea posible la forma en que el medio efectúa el movimiento continuo del cuerpo proyectado.

SIMPLICIO— El tirador tiene la piedra en su mano; él mueve su brazo con cierta fuerza y velocidad; debido a esto, la piedra se mueve e igualmente el aire en la vecindad. De tal modo, que en el instante de ser lanzada, la piedra se encuentra en un medio de aire que, a su vez, posee un movimiento vigoroso. La piedra entonces es llevada por el aire. Si no fuera por la influencia del aire, la piedra caería de plano a los pies del lanzador.

SALVIATI— ¿Ha sido usted tan crédulo como para dejarse convencer de tales sandeces, mientras tiene sus propios sentidos para refutarlas y para comprender el verdadero estado de las cosas? Dígame entonces, si en vez de esa gran piedra y esa bala de cañón, la cual si sólo se le coloca en la mesa permanece inmóvil, no importa cuán violento sea el viento, como usted me aseguró hace poco, hubiesen estado allí una bola de corcho o una de algodón del mismo tamaño, en su opinión, ¿las hubiese movido el viento?

SIMPLICIO— Seguramente, y estoy convencido de que se las llevaría el viento más rápidamente mientras más liviano sea el material. Es precisamente por esta razón que vemos las nubes volando con una rapidez igual a la del viento que las lleva.

SALVIATI— ¿Y qué es el viento?

SIMPLICIO— Por el viento no entendemos otra cosa que el aire en movimiento.

SALVIATI— ¿Luego, el aire en movimiento lleva las cosas bien livianas más rápidamente y a distancias mayores que las cosas pesadas?

SIMPLICIO— Seguramente.

SALVIATI— Pero si alguna vez usted fuese a lanzar con su brazo una piedra y luego un pedazo de algodón, ¿cuál se moverá más rápidamente y a una distancia mayor?

SIMPLICIO— La piedra por mucho más; el algodón caería a mis pies.

SALVIATI— Si la causa que mueve el cuerpo proyectado, después que la mano lo ha soltado, es solamente el aire que ha sido movido por la mano y, si éste mueve las cosas livianas mejor que las pesadas, ¿cómo es posible que el proyectil de algodón no vuele más lejos y más rápidamente que la piedra? De seguro debe haber algo en la piedra distinto del movimiento del aire. Más aún, imagínese dos cordones del mismo largo colgando hacia abajo desde ese balcón, uno con una bola de plomo amarrada al final, el otro con una de algodón. Suponiendo que ambos fuesen desplazados la misma distancia desde su posición vertical y luego dejados libres, ambos, sin discusión, se moverían hacia la posición vertical y, por su propio impulso, irían cierta distancia más allá de esa posición y, finalmente, quedarían en reposo nuevamente en la posición vertical. En su opinión, ¿cuál de estos dos péndulos se moverá por más tiempo antes de volver al reposo en su posición vertical?

SIMPLICIO— La bola de plomo se moverá de un lado a otro mil veces; la bola de algodón, dos o tres veces a lo sumo.

SALVIATI— En consecuencia, ese impulso, esa movilidad, cualquiera que sea su causa, persiste por más tiempo en los cuerpos pesados que en los livianos. Ahora yo llego a otro punto y le pregunto: ¿por qué el aire no arrastra ese limón que está allí, sobre la mesa?

SIMPLICIO— Porque el aire mismo no se está moviendo.

SALVIATI— Así que el lanzador tiene que comunicarle movimiento al aire, por medio del cual luego el aire pueda mover el objeto proyectado.

Pero si tal fuerza no puede ser impresa, ya que un estado o condición no puede ser transferido de un objeto a otro, entonces, ¿cómo puede ocurrir esa transferencia desde el brazo al aire? ¿No es el aire un sujeto diferente del brazo?

SIMPLICIO— A esto se puede contestar que el aire, debido a que en su propia región no es ni pesado ni liviano, está inclinado en forma especial para aceptar y retener ese impulso.

SALVIATI— Ahora mismo el péndulo nos ha demostrado que mientras menos peso posea un cuerpo, menor es su habilidad para mantener su movimiento. ¿Cómo el aire, que en medio de más aire no tiene ningún peso, puede ser la única cosa que retiene el movimiento que se le imparte? Yo soy de opinión —y estoy seguro que ahora usted también es de la misma opinión—que escasamente ha dejado de moverse el brazo cuando el aire también está nuevamente en reposo. Entremos al cuarto y agitemos una toalla de tal modo, que se agite lo más posible el aire y, tan pronto como la toalla esté quieta, haga traer al cuarto una pequeña vela encendida o deje volar un pedazo de una lámina de oro. Usted observará entonces, por la quietud de una y otra, cómo el aire vuelve al reposo inmediatamente. Yo podría citarle miles de experimentos como éste, pero si uno solo no es suficiente, los demás serían una pérdida de tiempo.

¡Cuántas aseveraciones he notado en Aristóteles —quiero decir sólo en su filosofía natural— que no sólo son falsas, sino tan falsas, que su extremo opuesto es cierto, como en este caso! Para volver a nuestro asunto, yo creo que ahora el señor Simplicio está convencido de que, de la observación de la piedra que siempre cae en el mismo lugar, no podemos inferir nada respecto al movimiento o al reposo del barco. Si lo anterior no le satisficiera, todavía quedan los medios de experimentación que le asegurarán por completo de la verdad. Al efectuar el experimento, él quizás note, en el caso que más le favorece, un retraso del cuerpo que cae (es decir, si éste consiste de un material muy liviano y si el aire no sigue el movimiento del barco). Pero si el aire se mueve con la misma rapidez, entonces no ocurrirá ninguna diferencia notable (entre el barco en reposo y el barco en movimiento) ni en éste ni (como pronto demostraré) en ningún otro experimento... ¿Tiene usted alguna otra réplica que hacer sobre este asunto, señor Simplicio?

SIMPLICIO— Sólo ésta: que aún no veo que se haya probado el movimiento de la Tierra.

SALVIATI— Y yo no he reclamado el haberlo probado, sino sólo el haber demostrado que no podemos concluir nada de los experimentos aducidos por los oponentes como argumentos de la inmovilidad de la Tierra, y lo mismo pienso probar de los otros experimentos.

SAGREDO— Mientras se trate del movimiento simple hacia el centro, causado por el peso, es mi opinión que uno puede asumir en forma incondicional e infalible que es rectilíneo, al igual que en el caso de la inmovilidad de la Tierra.

SALVIATI— Hasta ahora la cosa no sólo es correcta racionalmente, sino que la experiencia nos asegura claramente que es así.

SAGREDO— ¿Cómo puede asegurarnos la experiencia cuando sólo podemos ver el resultado de la combinación de ambos movimientos, aquél de la Tierra y aquél de caída?

SALVIATI— Por el contrario, señor Sagredo, vemos sola y únicamente el simple movimiento hacia abajo, pues el segundo movimiento de la rotación diurna pertenece en común a la Tierra, a la torre y a nosotros; por tanto, no llegamos a percibirlo y es como si ni siquiera estuviera allí. El único movimiento de la piedra que podemos percibir es aquél en el cual no participamos. Pero que éste es un movimiento rectilíneo, lo averiguamos por la percepción de los sentidos, ya que la piedra siempre cae en forma paralela a la pared vertical de la torre que, por supuesto, es recta y perpendicular a la superficie de la Tierra.

SAGREDO— Usted tiene razón y fue muy torpe de mi parte no pensar en una cosa tan sencilla. Ahora que este dato es bien conocido, ¿qué cree usted que falta y qué sería necesario para escudriñar la naturaleza del movimiento hacia abajo?

SALVIATI— No es suficiente ver que el movimiento es rectilíneo; uno debe saber también si es o no uniforme, vale decir, si se mantiene siempre la misma rapidez o si ocurre algún retraso o aceleración.

SAGREDO— Pero es claro que el movimiento acelera continuamente.

SALVIATI— Eso aún no es suficiente. Se tendría que saber también por qué razón ocurre esta aceleración. Este es un problema que para mi conocimiento aún no ha sido resuelto por ningún filósofo o matemático; aunque los filósofos, y especialmente los peripatéticos, han escrito volúmenes completos y extensos tratados sobre movimiento.

SIMPLICIO— Los filósofos se ocupan esencialmente de lo universal, encuentran las definiciones y los criterios más generales; pero en detalle le dejan las invenciones necesarias y los asuntos accesorios (que son solamente en su mayoría curiosidades) a los matemáticos. Aristóteles se conformaba con dar excelentes definiciones de lo que era en general el movimiento y demostrar las propiedades principales del movimiento local; es decir, que hay un movimiento natural y uno violento, uno simple y uno compuesto, uno uniforme y otro acelerado. Para el movimiento acelerado, él se conformaba con demostrar la causa para la aceleración pero dejaba la investigación de la razón y proporción de esta aceleración y otras minucias al mecánico o a cualquier otro especialista subordinado, como éste.

SAGREDO— Muy bien, mi querido señor Simplicio. Pero usted, señor Salviati, que se permite algunas veces descender del trono de la majestad peripatética, ¿se ha ocupado usted alguna vez, por placer, investigar esta razón de la aceleración en la caída de los cuerpos pesados?

SALVIATI— Yo no he tenido que meditar sobre ella, ya que nuestro amigo común, el académico, me ha mostrado un tratado sobre movimiento escrito por él, en el cual esta pregunta está contestada junto a muchas otras. Pero tendríamos que retroceder demasiado si quisiéramos interrumpir por esa razón la discusión actual (que es, en sí misma, una digresión) y presentar, como uno dice, un drama dentro de otro drama.

SAGREDO— Le dispenso provisionalmente de este informe bajo la condición, sin embargo, de que esto sea incluido entre los asuntos a examinarse luego en alguna sesión en particular, ya que estoy sumamente interesado en recibir conocimiento de ello...

....

SALVIATI— En contra de este argumento tomado de la caída de los cuerpos pesados, se pueden presentar las objeciones que usted ha oído. Yo no sé cuánto peso piensa el señor Simplicio que estas objeciones tienen; por tanto, antes de que procedamos al examen de los otros argumentos, sería conveniente que él hiciera cualquier comentario que tuviese.

SIMPLICIO—En cuanto a este primer argumento se refiere, debo confesar que, en realidad, he oído toda clase de sutilezas que ni siquiera antes había pensado. Son tan nuevas para mí, que no se me ocurren al punto las respuestas apropiadas. No considero que la caída vertical sea uno de los argumentos más concluyentes para la inmovilidad de la Tierra . Por otro lado, no veo cómo se puede escapar del problema de los disparos de cañón, especialmente de aquellos dirigidos en contra del movimiento diurno.

SAGREDO—Yo quisiera que el vuelo de los pájaros no me preocupara más que los cañones y los otros experimentos citados anteriormente. Estos pájaros que vuelan a su antojo, hacia adelante y hacia atrás, y que ejecutan mil maniobras y, lo que es más, que revolotean en el aire durante horas enteras, esto, digo, hace dar vueltas a mi cabeza y no comprendo cómo entre tanto brinco no se pueda perder el movimiento de la Tierra y cómo pueden ellos mantenerse al ritmo con la gran rapidez de la Tierra, que unas veces es a favor y otras en contra de la dirección de vuelo.

SALVIATI— ...Vamos a posponer la objeción sobre los pájaros para el final y, mientras tanto, tratar de satisfacer al señor Simplicio respecto a los otros, demostrándole en nuestra forma usual que él mismo posee la clave para la solución, aunque no se da cuenta de ello. Comenzaremos con los disparos al aire, llevados a cabo con la misma arma, dinamita y proyectil, una vez hacia el este y luego hacia el oeste. Dígame, ¿por qué razón cree usted que el disparo hacia el oeste debe llegar más lejos (suponiendo que la Tierra tiene movimiento diurno) que el del este?

SIMPLICIO— Me siento inclinado a esta opinión debido a que, en el disparo hacia el este, el cañón va tras la bala después que la bala ha sido disparada, ya que el cañón es llevado por la Tierra y, por tanto, se mueve tan rápido como ella y en la misma dirección, de tal modo, que la caída en tierra de la bala del cañón no ocurriría muy lejos del mismo. En el disparo hacia el oeste, por el contrario, antes de que la bala caiga el cañón se ha movido hacia el este, de tal modo, que la distancia entre la bala y el arma, o sea, el alcance del disparo, parecerá más largo que en el caso anterior...

SALVIATI— Me alegraría si pudiésemos descubrir algún experimento que correspondiese al movimiento de estos proyectiles, de igual manera que el experimento del barco era representativo del movimiento hacia abajo de los cuerpos que caen. Estoy pensando cómo podríamos imaginarnos esto.

SAGREDO— En mi opinión, sería un experimento muy apropiado si uno cogiese una carreta abierta y colocara sobre ella una ballesta a una elevación de 45° (de tal manera, que el alcance del disparo sea un máximo) y, luego, mientras los caballos corren, se disparase una vez en la dirección del movimiento y otra en la dirección opuesta. Uno tendría que anotar con gran cuidado en qué punto está la carreta, en un caso y en el otro, en el instante en que la flecha toque tierra. De esa manera uno puede encontrar precisamente cuánto más lejos de la carreta llega un disparo que el otro.

SIMPLICIO— Este experimento me parece muy apropiado y no tengo ninguna duda de que el alcance del disparo, es decir, la distancia entre la flecha y la posición de la carreta en el instante en que la flecha caiga en tierra, será mucho menor cuando el disparo es en la dirección del movimiento de la carreta que cuando es en la dirección opuesta. Por ejemplo, dejemos que el alcance sea de 150 yardas y que la distancia que recorre la carreta, mientras la flecha está en el aire, sea de 50 yardas. Luego, si uno dispara en la dirección del movimiento, la carreta cubrirá 50 de las 150 yardas del disparo y, cuando la flecha toque tierra, la distancia entre ella y la carreta será sólo de 100 yardas. Por otro lado, en el segundo disparo, donde la carreta va en la dirección contraria a la de la flecha, el espacio entre la flecha (que se ha movido 150 yardas) y la carreta (que, por su parte, se ha movido 50 yardas en la dirección opuesta) será de 200 yardas.

SALVIATI— ¿Habrá alguna forma en que logremos que los dos disparos lleguen a la misma distancia?

SIMPLICIO— Yo no veo cómo, a menos que se deje la carreta quieta.

SALVIATI— En este caso, por supuesto, los disparos serán iguales; pero yo quiero decir dejando la carreta en completo movimiento.

SIMPLICIO— No, a menos que uno tensara el arco con más fuerza para el disparo en la dirección del movimiento y lo aflojara para el disparo en la dirección opuesta.

SALVIATI— Por tanto, usted ve que hay una forma. Pero, ¿cuánto más tendría que tensar en un caso y aflojar en el otro?

SIMPLICIO— En nuestro caso, en el que hemos supuesto que el arco dispara unas 150 yardas, uno tendría que tensar el arco, para el disparo en la dirección del movimiento, de tal modo que el disparo llegue a 200 yardas y aflojarlo, en el otro caso, de tal modo que llegase solamente a 100 yardas.

SALVIATI— Pero ¿cuál es el efecto inmediato sobre la flecha de una mayor o menor tensión del arco?

SIMPLICIO— El arco en tensión la empuja con mayor velocidad; el arco más relajado, con una velocidad menor. Pero la misma flecha vuela igual de lejos en un caso que en el otro, ya que la velocidad con que sale de la cuerda del arco en el primer caso excede a la del segundo.

SALVIATI— Para buscar una forma en que, en un caso y en el otro, la flecha recorra la misma distancia desde la carreta en movimiento, según las hipótesis hechas por usted, el primer disparo necesitaría tener, digamos, una rapidez inicial de cuatro grados; el segundo, de sólo dos grados. Pero mientras uno use el mismo arco, con la misma tensión, éste siempre hará el disparo con una rapidez inicial de tres grados.

SIMPLICIO— Así es, y si uno dispara de la misma manera con el mismo arco, los dos disparos desde la carreta en movimiento no pueden ser iguales.

SALVIATI— Me había olvidado preguntar con qué rapidez nos imaginaríamos que la carreta se estaba moviendo en este experimento especial.

SIMPLICIO— Debemos suponer que su rapidez es de un grado en comparación con aquella impartida por el arco (que la tomamos como tres).

SALVIATI—Sí, sí, entonces los cálculos se verifican. Pero, dígame: cuando la carreta se mueve, ¿no se mueven con la misma rapidez todas las cosas dentro de la carreta?

SIMPLICIO— Sin duda alguna.

SALVIATI— Por tanto, el dardo, al igual que el arco y la cuerda del arco en la cual se coloca el dardo, ¿se mueven con esta rapidez?

SIMPLICIO— Así es.

SALVIATI— Por tanto, si uno lanza el dardo en la dirección del movimiento de la carreta, el arco imprime su velocidad de tres grados sobre un dardo que ya posee una velocidad de un grado, ya que la carreta lo lleva en la dirección de su movimiento con esta velocidad. Como consecuencia, cuando el dardo sale de la cuerda del arco posee cuatro grados de velocidad. Si, por el contrario, uno dispara en la otra dirección, el mismo arco le comunica los mismos tres grados de velocidad a un dardo que posee un grado de velocidad en la dirección opuesta, de tal modo que, al dejar el arco, sólo le quedan dos grados de velocidad. Usted mismo ya ha dicho que, para alcanzar distancias iguales, uno debe lanzar un dardo con cuatro grados de velocidad inicial y al otro, con dos. Se puede deducir entonces que, sin hacer ninguna alteración en el arco, el mismo movimiento de la carreta regula las velocidades iniciales. La ejecución del experimento demostrará la corrección de estos datos a cualquiera que no quiera o que no pueda entender argumentos teóricos. Ahora, si usted aplica este mismo razonamiento al arma de fuego, encontrará que, aunque la Tierra se mueva o esté en reposo, los disparos que se hacen con la misma fuerza deben llegar siempre al mismo sitio, no importa en qué dirección se hagan. El error suyo, de Aristóteles, de Tolomeo y de todos los otros surge de la imagen firme y arraigada de la inmovilidad de la Tierra, de la cual ustedes no pueden librarse, aún cuando quieren hacer especulaciones sobre las consecuencias que sobrevendrían en caso de que la Tierra se moviese. Asimismo, en el argumento anterior, usted no consideró que, mientras la piedra permanece en la torre, se comporta, respecto al movimiento o al reposo, de la misma manera que lo hace el globo terráqueo. Debido a que interiormente usted se aferra a la idea de que la tierra está quieta, usted siempre basa sus discusiones de la piedra en la presuposición de que ésta procede del estado de reposo. En realidad, uno debe decir: si la tierra está quieta, entonces la piedra procede de un estado de reposo y se mueve verticalmente hacia abajo; pero si la Tierra se mueve, luego la piedra se mueve con la misma velocidad y, por tanto, no procede de un estado de reposo, sino de un estado de movimiento igual al del globo terrestre, con el cual se combina el movimiento adicional hacia abajo, de tal modo que el resultado es un movimiento oblicuo.

SIMPLICIO— ¡Dios mío! Si se mueve oblicuamente, ¿cómo es que yo la veo moverse en forma vertical y rectilínea?

SALVIATI— En relación a la Tierra, la torre y nosotros, los cuales participamos con la piedra en el movimiento diurno, es como si este movimiento diario no estuviese presente. No podemos percibirlo ni sentirlo y no tiene ningún efecto. El único movimiento que es accesible a nuestros sentidos es el movimiento en el cual no participamos; es decir, el movimiento hacia abajo a lo largo de la torre. Usted no es el primero que se rebela en contra del hecho de que el movimiento no tiene ninguna influencia sobre las relaciones mutuas de aquellas cosas que tienen ese movimiento en común.

SALVIATI— ...Me parece apropiado ahora, para poder coronar la prueba sobre la nulidad de todos los experimentos citados, que yo muestre el camino y los medios por los cuales todos ellos pueden ser "probados" concienzudamente con el menor trabajo posible. Enciérrese en un cuarto lo más grande posible, bajo la cubierta de un barco, en compañía de un amigo. Lleve consigo jejenes, mariposas y otras criaturas aladas. Provéase también de un envase con agua y un pez pequeño dentro. Más aún, enganche un balde pequeño de modo que deje caer gotas de agua en un segundo envase de cuello estrecho y colocado debajo del balde. Mientras el barco esté quieto, observe atentamente cómo todos los animales que vuelan lo hacen hacia todos los lados con la misma rapidez. Uno verá cómo el pez, sin diferencia alguna, nada en todas direcciones. Todas las gotas de agua caerán en el envase colocado debajo. Si usted le lanza un objeto a su amigo, no tiene que hacerlo con más fuerza en una dirección que en otra, siempre y cuando las distancias sean iguales. Si usted brinca siempre de la misma manera, alcanzará la misma distancia, no importa en qué dirección lo haga. Asegúrese de determinar todas estas cosas con cuidado aunque, por supuesto, no hay duda de que en un barco en reposo todo se comporta de este modo. Dejemos ahora que el barco se mueva con cualquier velocidad que usted desee. No veremos ocurrir la menor alteración en todos los fenómenos mencionados, siempre y cuando el movimiento del barco sea uniforme y no fluctúe de aquí para allá. De ninguno de estos fenómenos podrá usted inferir si el barco se mueve o está en reposo. Al saltar sobre las tablas usted cubrirá la misma distancia que antes y, aunque el barco se mueva con la mayor rapidez posible, usted no podrá dar un salto más grande hacia la popa que hacia la proa. Sin embargo, durante el tiempo que usted está en el aire, el piso bajo sus pies se desliza hacia adelante en la dirección opuesta a su salto. Si usted le tira un objeto a su compañero, para que le llegue, no necesitará lanzarlo con una fuerza mayor, no importa que su compañero se pare en la parte del frente y usted en la parte de atrás de la cabina o viceversa. Las gotas, al igual que antes, caerán en el envase que está debajo, ni una sola caerá detrás, aunque el barco cubra muchos pies durante el tiempo que la gota está en el aire. Los peces en el agua no tendrán que esforzarse más al nadar hacia la parte delantera del envase que al nadar hacia la parte trasera. Se moverán hacia la comida con igual facilidad, no importa en qué parte del envase se les coloque. Finalmente, los jejenes y las mariposas continuarán sus vuelos hacia todos los lados sin ninguna distinción. Nunca ocurrirá que sean lanzados contra la pared de atrás, como si estuviesen cansados por el trabajo hecho al tratar de mantenerse a la misma rapidez que el barco y, sin embargo, se encuentran separados del barco durante su larga permanencia en el aire. Si uno quema un grano de incienso saldrá un poco de humo, que uno verá ir hacia arriba y quedarse en suspenso, como una pequeña nube, sin moverse ni a un lado ni a otro. La causa de esta concordancia entre todos los fenómenos se encuentra en el hecho de que el movimiento del barco pertenece en común a todos los objetos que están dentro de él, incluyendo el aire. Por esto es que yo digo que uno debe irse bajo cubierta, porque arriba, en el aire libre que no participa del movimiento del barco, se observan algunas diferencias en los fenómenos mencionados. Sin duda alguna, el humo se quedaría atrás, al igual que lo haría el mismo aire. Igualmente, los jejenes y las mariposas, impedidos por el aire, no podrán mantenerse a un movimiento idéntico al del barco si se separan de él una distancia considerable. Si permanecen cerca, seguirán al barco sin ningún esfuerzo e impedimento, ya que siendo éste una estructura con grandes irregularidades y asperezas, arrastra el aire que se encuentra en sus alrededores. (Por las mismas razones, algunas veces vemos los molestos jejenes y tábanos mantenerse cerca de los rápidos caballos y posarse en una u otra parte de sus cuerpos). No obstante, para las gotas que caen, la diferencia sería pequeña. Para los saltos y los objetos que son lanzados, la diferencia sería casi imperceptible.

SAGREDO— Aunque nunca se me ocurrió mientras estaba en el mar hacer estas observaciones con este propósito en mente, no obstante, estoy más que seguro de que conducirán al resultado que usted ha expuesto. Yo todavía recuerdo, por ejemplo, cómo en mi cabina he preguntado más de cien veces si el barco se estaba moviendo o si estaba quieto y, muchas veces, extasiado en un pensamiento, he creído que se estaba moviendo en una dirección cuando, en realidad, iba en la dirección opuesta. Por tanto, ahora estoy completamente satisfecho y firmemente convencido de la insignificancia de todos estos experimentos que pretenden ofrecer pruebas en contra del movimiento de la Tierra.

CONSIDERACIONES BREVES ACERCA DE LAS APORTACIONES DE GALILEO GALILEI Y JOHANNES KEPLER AL DESARROLLO DE LA TEORÍA HELIOCÉNTRICA[*]

Demostrando que la ciencia es una empresa colectiva, inventada, realizada y desarrollada por los humanos, cabe mencionar algunos sucesos que se fueron llevando a cabo, paralelamente con los estudios sobre el cosmos, a escala local. Es claro que la pretensión de explicar el cosmos en aquellos tiempos era importante. Realmente, era nuestro *pequeño* sistema solar el objeto de estudio. Al día de hoy se sabe que este sistema solar nuestro es parte fraccional de todos los sistemas solares desparramados por toda la Vía Láctea, nuestra galaxia; la cual, a su vez, representa una fracción mínima del conjunto de galaxias en nuestro cúmulo local; y que este cúmulo local de galaxias es una fracción mínima de las enormes cantidades de cúmulos de galaxias presentes en el universo. Tamaña empresa que aquellas mentes privilegiadas acometieron, y que hoy, todavía, acometemos. Sumergidos estamos en ese océano inmenso, pero sólo hasta los tobillos.[1]

Así, el ser humano necesitó desarrollar estrategias e instrumentos que le facilitaran, validaran y apoyaran sus descubrimientos. Para esos años, cabe mencionar que un holandés, Jan Lippershey, descubrió que la combinación de dos lentes debidamente dispuestos producían el efecto de acercar, en apariencia, los objetos y cuerpos lejanos. Galileo se enteró del descubrimiento y en poco tiempo había aplicado tal fenómeno a la invención del instrumento conocido como *telescopio*, término que implica *ver más lejos*. Este instrumento fue el arma más poderosa para comenzar a agrietar la solidez de la Teoría Geocéntrica. Permitía auscultar los cielos de una manera como nunca antes se había podido hacer. Con el uso de esta "poderosa arma", generadora de evidencias nunca antes disponibles, sólo soñadas, Galileo logró hacer las siguientes observaciones:

1. descubrió manchas en el Sol.

2. encontró que el planeta Júpiter tenía 4 lunas o satélites girando en torno a él.

---

* Por Rafael Ortiz Vega y Eva Arzola de Calero.
[1] Sagan, C. Serie para TV COSMOS, Primer episodio, *En la orilla del océano cósmico.*

3. encontró que el planeta Saturno parecía ser, no una, sino tres estrellas juntas.

4. encontró que el planeta Venus exhibía, similarmente a la Luna, todas las fases de ésta.

El primer punto pone en duda si realmente los cuerpos celestes, por estar en el cielo (o en los cielos) son inmaculados, puros e ingenerables. Era evidente que el Sol, considerado como uno de los dioses (Ra, por los egipcios) de aquellos remotos tiempos, estaba manchado en algunas regiones cerca de su centro. Estas manchas aparecían y desaparecían, lo que indicaba que se generaban una y otra vez. ¿Cómo era esto posible? Claro, Aristóteles no contaba con tal instrumento, pero era innegable que los sentidos, ayudados ahora por el telescopio, evidenciaban algo distinto. En una aplicación maravillosa, Galileo descubrió que el Sol rotaba y calculó su período de rotación. Entonces, si el Sol está manchado, si en él aparecen y desaparecen "cosas" y, además, rota, ¿por qué la Tierra no puede rotar?

En el segundo resultado, se evidencia que en el universo existen otros centros, tales como Júpiter. ¿Acaso no era la Tierra **el centro** ? Tal vez en el universo existen diversos centros y la Tierra bien pudiera no serlo.

En el tercer resultado, se pone en duda la certidumbre de la observación directa, a simple vista, como se había realizado desde todo el tiempo anterior a la invención del telescopio. Con esta observación de Saturno surge la duda de si realmente éste era un planeta solitario, o de si estaba constituido por tres cuerpos juntos. ¿Por qué esa aceptación de las observaciones anteriores si muy bien todo podría ser de otra forma? Se sabe que la capacidad de su modesto telescopio no le permitió discernir los extremos de los anillos del planeta a ambos lados de su cuerpo principal. De aquí que le pareció que fuesen tres estrellas juntas.

En el cuarto punto, aparece una evidencia contundente a favor de la Teoría heliocéntrica. Su rival no explicaba todas las fases de Venus. Los defensores del sistema tolemaico sostenían que una línea recta unía a la Tierra, Mercurio, Venus y al Sol, en ese orden (Vea Fig. 1). Mediante este arreglo era posible explicar por qué tanto Mercurio como Venus se ven siempre al amanecer o al anochecer y no en ningún otro momento. Sin embargo, ese arreglo elimina la posibilidad de que, al menos Venus, presente todas las fases que presenta la Luna. Por otro lado, la Teoría Heliocéntrica predecía que Venus debería de presentar todas las fases de nuestro satélite.

En cuanto a Johannes Kepler, fue este gran astrónomo y matemático quien con sus aportaciones ayudó a revolucionar la concepción del universo en aquella época. En un dueto extraordinariamente complementario, el teórico Kepler y el gran observador, Tycho Brahe (1546-1601), asestaron rudos golpes al sistema tolemaico. Se debe aclarar que Tycho Brahe es considerado como el más importante observador previo a la invención del telescopio. Sus precisas observaciones, que cubrieron un periodo de más de 30 años, ocasionaron que la mayoría de los datos de la época resultaran obsoletos. Su monumental trabajo fue legado a Johannes Kepler, con la encomienda de desmentir el modelo heliocéntrico y favorecer el propio sistema de Brahe. Este sistema de Brahe presentaba al Sol girando alrededor de una Tierra en reposo, mientras los demás planetas giraban alrededor de él. Este sistema no mereció la atención del consenso científico de esos años. Sin embargo, las conclusiones a las que pudo llegar Kepler, lejos de favorecer a la teoría de Brahe, se inclinaron a favor del modelo copernicano.

La concepción del universo, después del trabajo de Kepler, cambió radicalmente. Los detalles de este cambio paradigmático se fundamentan en las tres leyes de Kepler, tema que se recoge en la próxima lectura.

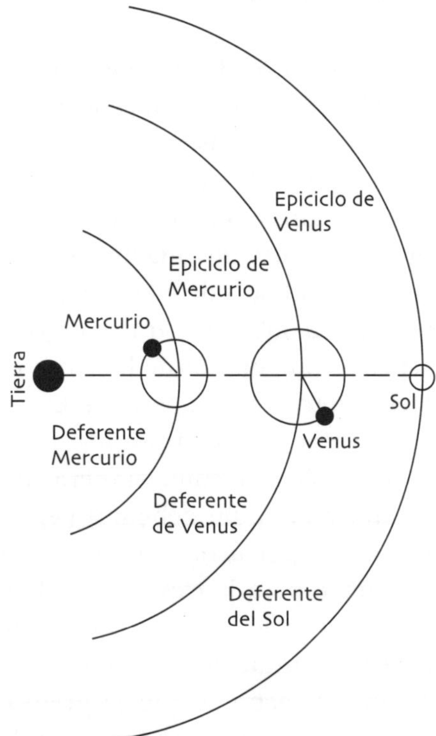

Fig. 1

Diagrama que muestra el arreglo geométrico del sistema Tierra-Mercurio-Venus-Sol, de acuerdo a la Teoría Geocéntrica.

NOTAS SOBRE EL TRABAJO
DE JOHANNES KEPLER*

I. Introducción

Con anterioridad hemos examinado, aunque superficialmente, las Teorías Geocéntrica y Heliocéntrica de Tolomeo y Copérnico, respectivamente. Durante este breve examen discutimos, entre otras cosas, las explicaciones que cada una de estas teorías ofrecía para un mismo conjunto de observaciones, además de hacer una corta enumeración de factores en pro y en contra de cada una de las teorías en cuestión, poniendo de manifiesto la carencia de elementos que hicieran evidente la mayor validez de una teoría sobre la otra. Posteriormente ofrecimos la relación de otros aspectos que más tarde hicieron inclinar la balanza en favor de la Teoría Heliocéntrica de Copérnico. En efecto, luego de haber transcurrido mucho tiempo desde la proposición heliocéntrica de Copérnico, se aceptó ésta, en general, como si fuera cierta.

Ahora bien, no debemos pensar por esto que la teoría, tal y como la expuso Copérnico, resultó en todo caso completamente satisfactoria y suficiente para la explicación de todas y cada una de las observaciones que se hicieron en épocas que siguieron a la de Copérnico. Como ejemplo de estos "obstáculos" con que tropezó la Teoría de Copérnico, nos interesa citar el hecho de que las predicciones que hacía esta teoría sobre posiciones de Marte no encontraron la correspondencia deseada con la experiencia observacional. Esto es, la Teoría Heliocéntrica de Copérnico permitía hacer predicciones sobre futuras posiciones de diversos cuerpos celestes, entre ellos el planeta Marte; pero cuando se trataba de ubicar el planeta en la posición que predecía la teoría, resultaba que, aunque Marte se hallaba cerca de esta posición, no estaba en el lugar exacto que se había predicho.

Al astrónomo alemán Johannes Kepler le interesó esta situación y se propuso examinar tan a fondo como pudiera la órbita de este planeta, a fin de tratar de encontrar una solución a la discrepancia entre la teoría y observación antes citada. En los párrafos que siguen haremos un recuento

* Versión revisada y actualizada extraída de *Selección de Textos de Ciencias Físicas;* Editorial de la Universidad de Puerto Rico, 14 ed., 2003.

de 1a labor de Kepler a lo largo de esta línea. Antes de entrar en la discusión de esta parte de su obra, debemos aclarar que Kepler tuvo la buena fortuna de ser discípulo del famoso astrónomo danés Tycho Brahe, de quien no sólo recibió valiosas enseñanzas, sino que heredó de éste todo el conjunto de datos observacionales que había acumulado durante decenas de años de dedicación a la labor de observar los cielos y de escribir la "historia" de los mismos con la extrema precisión y escrúpulo que le dieron fama.

II. Método de Kepler para determinar la órbita de Marte.

Como hemos mencionado en el párrafo anterior, Kepler quiso estudiar la órbita de Marte con tanto detalle como pudiera y, para esto, quiso determinar la misma. Partió de una posición heliocéntrica; es decir, para comenzar, Kepler asumió que el Sol era el cuerpo alrededor del cual revolucionan los planetas. De acuerdo al método que Kepler quiso usar para determinar la órbita de Marte, resulta necesario determinar primero la órbita de la Tierra. (En este momento no podrá el lector apreciar el porqué de este prerrequisito, de modo que nos limitaremos, por lo pronto, a mencionar que existe esta necesidad y pasaremos a determinar la órbita de la Tierra a la manera de Kepler. Más tarde, regresaremos a este punto, con el fin de que resulte evidente el porqué de la necesidad de la determinación de la órbita de la Tierra previa a la determinación de la órbita de Marte, según el método que utiliza Kepler para estudiar la órbita de éste.)

Para determinar la órbita de un planeta, Kepler parte de las siguientes consideraciones: la órbita de un planeta representa, dentro del sistema heliocéntrico, una sucesión de puntos que marcan diferentes posiciones del planeta con respecto al Sol y las estrellas y que completan una figura cerrada que tiene al Sol como cuerpo central. Si una persona lograra determinar el mayor número posible de esos puntos, podría tener una buena idea de la órbita del planeta. Ahora bien, cada uno de esos puntos están, a su vez, determinados por dos factores: distancia del Sol y dirección en el espacio en que se apreciarían desde el Sol. En otras palabras, refiriéndonos a la figura 1, en la cual S representa al Sol, si supiéramos que cierto planeta se encuentra en un momento dado a una distancia X del Sol y que, visto desde éste, el planeta se vería en la dirección del cuerpo Y, entonces podríamos determinar que en esa ocasión el planeta estaría ocupando la posición P.

Como verá el lector, el problema de la determinación de la órbita se reduce en esta forma a determinar tantos puntos P como sea posible; pero de inmediato nos preguntamos, para el caso de la órbita de la Tierra, ¿cómo vamos a saber en qué dirección se vería la Tierra desde el Sol en un momento dado y a qué distancia se encuentran los dos cuerpos en ese momento? (Recordemos que nuestro punto de observación es la Tierra y que con sólo observar un cuerpo no determinamos la distancia a que se

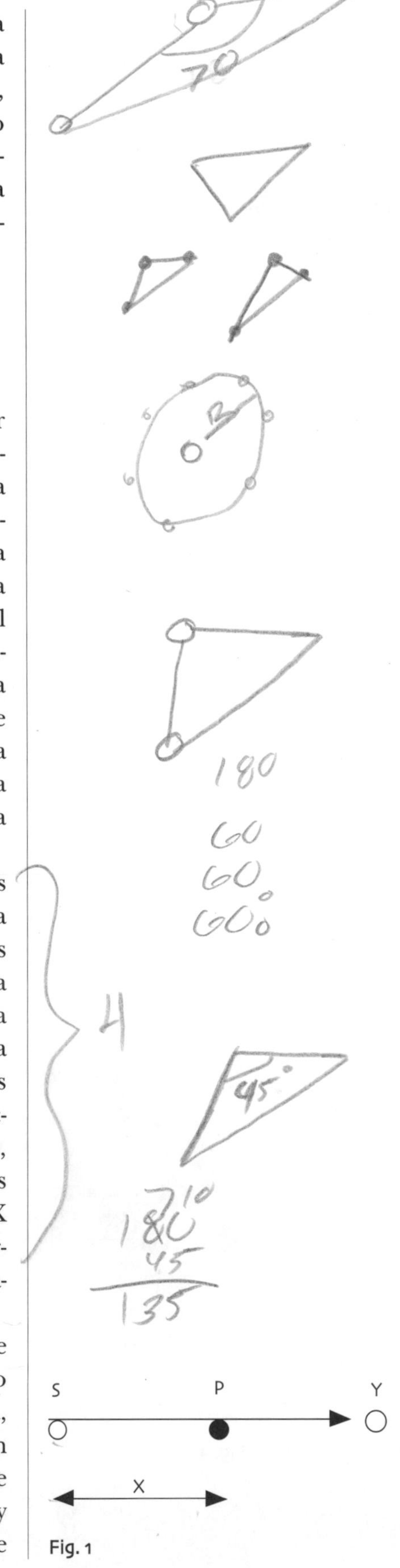

Fig. 1

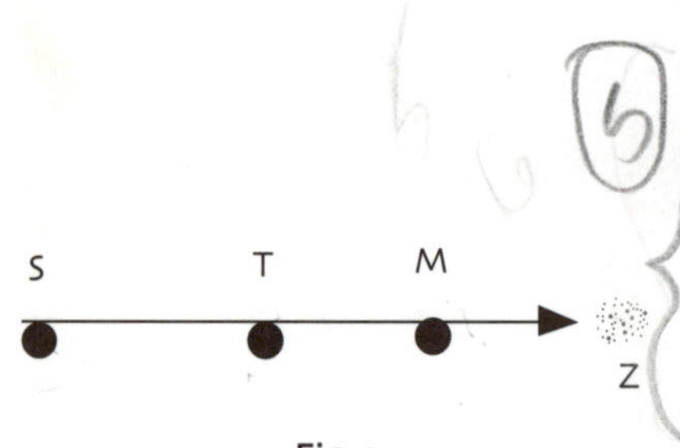

Fig. 2

encuentra de nosotros.) Pues bien, veamos la forma en que Kepler resolvió esta situación. Primeramente, Kepler identificó las estrellas entre las cuales se vería Marte desde el Sol un día en que éste y el Sol estuvieran en oposición. Debemos recordar que cuando observamos dos cuerpos celestes en oposición, tanto éstos como la Tierra están prácticamente en una misma línea recta (Vea Fig. 2). De modo que si en esa ocasión desde la Tierra se ve a Marte como si estuviera entre el grupo de estrellas que llamamos Z, entre esas mismas estrellas se deberá ver Marte desde el Sol.

Debe ser claro que esta posición del Sol, Tierra y Marte no se mantendrá indefinidamente si suponemos, con la Teoría Heliocéntrica, que tanto la Tierra como Marte dan vueltas alrededor del Sol; pero cuando Marte haya completado una vuelta alrededor del Sol, a partir del momento que hemos ilustrado en la figura 2, Marte estará en la misma posición en el espacio con respecto al Sol y las estrellas. Esto es, cuando, a partir del momento en que Marte y el Sol estuvieron en oposición, transcurre un período sideral heliocéntrico de Marte, éste volverá a verse desde el Sol entre las estrellas Z. Pero ya la Tierra no estará en la misma línea recta en que estén Marte y el Sol en esta segunda ocasión (el período sideral heliocéntrico de Marte *no* es un múltiplo entero del período sideral heliocéntrico de la Tierra, siendo 1.9 años aproximadamente). En esta ocasión la Tierra se verá desde el Sol como si estuviera entre un grupo de estrellas que llamaremos W. ¿Cómo sabemos cuál es ese grupo de estrellas? Para ello Kepler hace uso de las estrellas que están en oposición al Sol el día en que, a partir de la situación de la figura 2, ha transcurrido un período sideral heliocéntrico de Marte. Digamos que tenemos, pues, un mapa de las estrellas que vamos a usar como referencia. Este mapa tiene forma de globo y asignamos al Sol la posición central del mismo (de acuerdo a la Teoría Heliocéntrica). Habiendo localizado ya en el mapa las estrellas Z, procedemos a ubicar las estrellas que están en oposición al Sol en la segunda ocasión y que habíamos llamado las estrellas W. Esto nos permite determinar en qué dirección se ve la Tierra desde el Sol en ese momento. (Refiérase a la Fig. 3.)

En la representación de esta segunda situación (Fig. 3) hemos asignado una posición definida a Marte. Aunque no sabemos a qué distancia está Marte del Sol en este momento, vamos a representar la misma por la distancia de S a M, sin pretender que las distancias de Marte al Sol y a las estrellas estén construidas a escala. Note, además, que la distancia a que está Marte del Sol en esta segunda ocasión debe ser igual a la distancia a que se encontraba este planeta en la primera ocasión (fig. 2), ya que en ambos casos se supone que Marte esté ocupando la misma posición en su órbita con respecto al Sol y las estrellas.

Con relación a la posición de la Tierra en esta segunda ocasión, sólo podemos decir por el momento que ésta debe estar en algún punto de la línea de S a W. Para determinar en qué punto de esa línea debe estar la Tierra en esta ocasión, Kepler se vale del siguiente razonamiento: en esta ocasión Marte, el Sol y la Tierra *no* deben estar en la misma línea recta; por consiguiente, entre los tres cuerpos se podrá trazar un triángulo to-

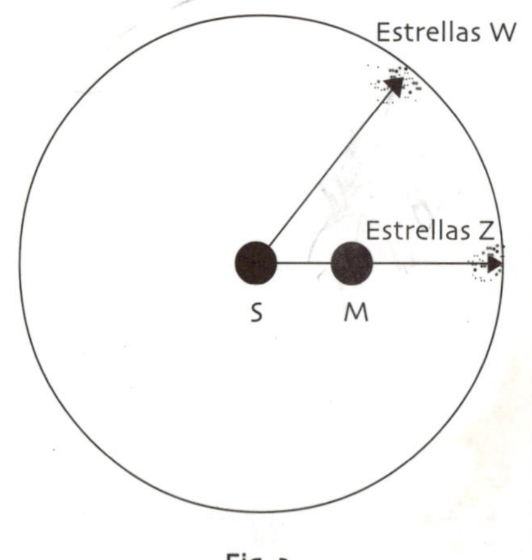

Fig. 3

mando cada uno de ellos como un vértice del mismo. Ese triángulo, como cualquier otro, tendrá tres ángulos cuya suma será igual a 180 grados. De estos tres ángulos, aquél que tiene como vértice a la Tierra lo podemos conocer fácilmente, pues podemos medir desde aquí la separación angular que existe entre el Sol y Marte ese día, según se puede apreciar desde la Tierra. El ángulo cuyo vértice está ocupado por el Sol también resulta fácil de conocer si nos referimos nuevamente a nuestro mapa de estrellas y en él localizamos aquéllas entre las cuales parecería verse a la Tierra y a Marte desde el Sol. Como se puede apreciar de la figura 3, localizando estas estrellas en el mapa y midiendo la separación angular entre ellas, según se aprecia desde el centro (supuesta posición del Sol), obtendremos el valor del ángulo con vértice en el Sol. De modo que, en esta forma, podremos conocer con relativa facilidad el valor de dos de los tres ángulos del triángulo, Sol-Tierra-Marte, correspondientes al día particular en que se han hecho las medidas. Siendo esto así, podremos también calcular el valor del tercer ángulo del triángulo. Utilizando valores y tomando una distancia cualquiera que represente a escala la distancia del Sol a Marte, podremos construir en papel un triángulo semejante al triángulo entre los tres cuerpos celestes en cuestión y, de esta forma, podremos fijar la posición que ocupa la Tierra en ese día con respecto al Sol y a Marte. Esta posición representará un punto de la supuesta órbita de la Tierra. El proceso que hemos descrito en este párrafo lo ilustramos mediante la figura 4.

Siguiendo un patrón idéntico al que hemos descrito en el párrafo que precede, se pueden obtener varios puntos de localización de la Tierra con respecto al Sol y Marte. Los cálculos descritos deben efectuarse en forma tal que correspondan a fechas en que Marte se encuentre en la misma posición con respecto al Sol y las estrellas, es decir, que correspondan a fechas que difieran entre sí por el espacio de tiempo que llamamos el período sideral heliocéntrico de Marte (aproximadamente, 1.9 años). Esto debe ser así para poder mantener fijo el largo de la línea que representa la distancia Sol-Marte y poder utilizar esta línea como referencia, como base de comparación. Naturalmente, esto implicaría que las diferentes líneas de Sol a Tierra que se puedan dibujar haciendo uso del método descrito representarán una comparación a escala entre distancias Sol-Tierra y la distancia entre Sol y Marte que se ha seleccionado como unidad o base de comparación.

Los puntos de localización de la Tierra que se pueden obtener en la forma ya discutida representan, obviamente, puntos de la supuesta órbita de la Tierra. Por tanto, si se obtienen bastantes puntos, se podrá tener una idea de cómo es la órbita de este planeta (a base de los puntos de partida adoptados). La información que tenía Kepler a la mano le permitió calcular varias de estas posiciones de la Tierra y, de esta manera, consiguió para la órbita de la Tierra una figura circular con el Sol un poco fuera de centro, es decir, un círculo excéntrico.

Con este cuadro que obtuvo Kepler para la órbita de la Tierra se propuso investigar en forma análoga la supuesta órbita de Marte. A continuación procederemos a describir el proceso que siguió en dicha investigación.

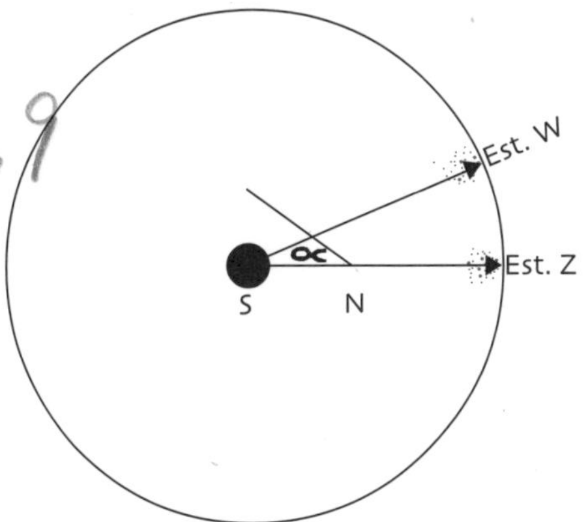

Fig. 4

Ángulo α: Se construye dándole un valor de 180 − (<S + <T)
Ángulo T: Posición calculada de la Tierra

Para mayor sencillez, comenzaremos esta descripción indicando que, una vez se tiene idea de la supuesta órbita de la Tierra, se puede hacer un dibujo de la misma, como hemos hecho en la figura 5. Supongamos que en cierto día del año se observa a Marte desde la Tierra como si estuviera entre las estrellas que llamaremos A. Esto lo podemos interpretar como indicativo de que en ese día Marte debe ocupar algún punto de la línea que va de la Tierra a A, aunque en este momento no podemos precisar cuál punto ocupa el planeta. Cuando haya transcurrido un tiempo igual al período sideral heliocéntrico de Marte, éste volverá a ocupar este lugar, pero ya la Tierra no estará en el lugar que hemos titulado T_1, sino que estará en otro punto de su órbita. ¿Cómo podremos saber en qué otro punto estará la Tierra en esta ocasión? Pues bien, el día que se cumpla el período sideral heliocéntrico de Marte, a partir del momento en que la Tierra ocupaba la posición T_1, podemos localizar las estrellas que están opuestas al Sol (llamémoslas estrellas B). Una vez identifiquemos estas estrellas en nuestro mapa, tendremos base para precisar la posición de la Tierra en su órbita, pues ésta estará determinada por la intersección de la línea Sol-estrellas B y la órbita de la Tierra que ya suponemos conocida. Habiendo precisado esta posición de la Tierra, que llamaremos T_2, procedemos a localizar a Marte en el cielo el día en que la Tierra ocupa esta segunda posición. Digamos que al hacer esto se aprecia desde la Tierra la posición de Marte como si éste estuviera entre las estrellas que llamaremos estrellas C. Nuevamente interpretaremos esto como indicativo de que, en esta ocasión, Marte debe ocupar algún punto de la línea Tierra-C. Pero este punto que ocupa Marte en esta ocasión debe ser el mismo que ocupó este planeta en la ocasión en que la Tierra ocupaba la posición T_1 (recordemos que ha transcurrido un período sideral heliocéntrico de Marte a partir de T_1.). De esto debe resultar evidente que el punto de intersección entre las líneas T_1A y T_2C indicará la posición que ha ocupado Marte en ambas ocasiones. En otras palabras, esto nos proveerá un punto de la órbita de Marte.

En forma análoga, podemos conseguir otros puntos de la órbita de este cuerpo y así tener también una idea de la misma.

En el primer párrafo de la sección II de estas notas sobre el trabajo de Kepler, prometimos que regresaríamos al punto de por qué, para determinar la órbita de Marte, según el método suyo, Kepler necesitaba conocer primero la órbita de la Tierra. Pues bien, como podemos ver en la figura 5, para poder construir el cuadrilátero que nos dará una posición de Marte

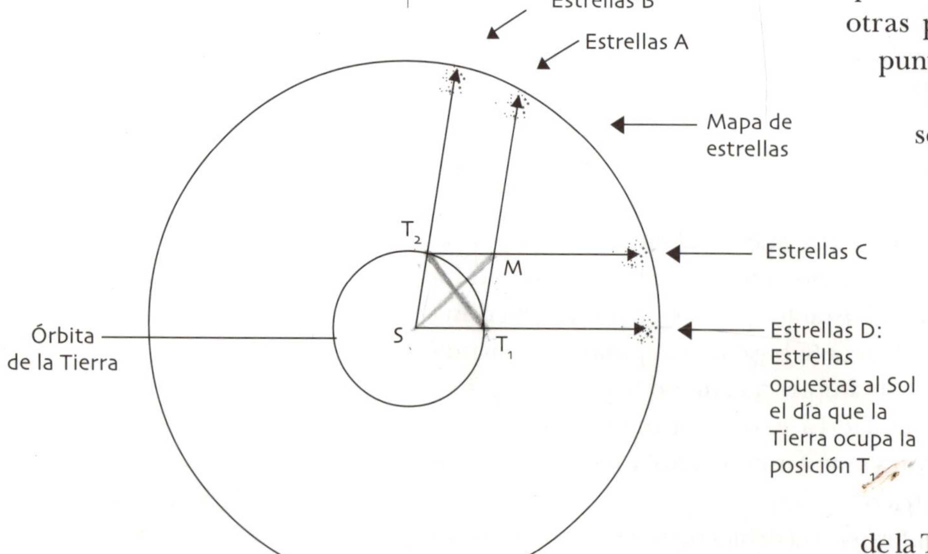

Fig. 5

(cuadrilátero T_1 ST_2 M), es necesario conocer las líneas T_1S
y T_2S. Ya que T_1 y T_2 representan puntos de la órbita
de la Tierra, es necesario conocer esta órbita para poder trazar las líneas de estas posiciones al Sol.

Utilizando el método que acabamos de describir,
Kepler obtuvo para la órbita de Marte una figura de
forma tal que todos los radiovectores eran más cortos que los que se obtenían suponiendo un círculo
excéntrico para la órbita del planeta, excepto los que
corresponden a las regiones de afelio y perihelio, en
cuyas regiones la órbita observada coincidía con el
círculo excéntrico. Pero Kepler no interrumpió ahí la
investigación de esas órbitas, sino que quiso poner a prueba los resultados que había obtenido para las mismas utilizando para ello otra idea desarrollada anteriormente por él mismo; nos referimos a la llamada Ley de Áreas.

III. Ley de Áreas

Esta ley, conocida también por la Segunda Ley de Kepler (a pesar de
que se supone que sea cronológicamente anterior a la llamada Primera
Ley de Kepler), consiste de la idea de que las áreas que barre el radiovector de
un mismo planeta en iguales intervalos de tiempo son siempre las mismas.
¿Qué quiere decir esto? Comenzaremos por definir lo que se entiende por
el radiovector de un planeta. Este concepto se refiere a una línea que,
imaginariamente, podemos trazar desde el Sol a un planeta. Naturalmente,
si suponemos que el planeta se mueve alrededor del Sol, tendremos que
concebir esta línea imaginaria como participante de un movimiento correspondiente al movimiento del planeta en forma tal que el extremo de la
misma, que reside en el Sol, se mantiene fijo. (Vea Fig. 6.)

Notemos de la figura 6 que, mientras el planeta pasa de la posición P_1 a la
posición P_2, el radiovector barre o cubre cierta área: el área encerrada en la
figura SP_1P_2. En igual forma, mientras el planeta se mueve del punto P_2 al
punto P_3, el radiovector barre el área de la figura SP_2P_3, y así sucesivamente.

Aplicando lo que afirma la Ley de Áreas a esta figura, diríamos que, si
el planeta tarda igual tiempo en ir de P_1 a P_2 que en ir de P_2 a P_3, entonces
las áreas de las figuras SP_1P_2 y SP_2P_3 deben ser iguales.

En el desarrollo de esta idea que llamamos la Ley de Áreas de Kepler,
éste hizo las siguientes consideraciones: primeramente supuso, con la
Teoría Heliocéntrica de Copérnico, que las órbitas de los planetas son
círculos excéntricos. Independientemente de esto, Kepler pensaba que,
si los planetas se mueven alrededor del Sol, esto debe ser causa de una
fuerza que se origina en el Sol y que varía inversamente con la distancia
del planeta al Sol. (Esta relación se puede expresar simbólicamente por
las expresiones:

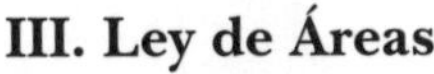

Fig. 6

P_1 P_2 ...P_5: Son posiciones
sucesivas de un planeta.

$$F \propto \frac{1}{R} \quad \text{o} \quad F = \frac{K_1}{R}$$

donde F representa la supuesta fuerza que se origina en el Sol, R representa la distancia del planeta al Sol y K_1 es una constante de proporcionalidad.) Basándose en la Física Aristotélica, Kepler supuso además que, a mayor fuerza que ejerciera el Sol sobre un planeta, mayor sería la rapidez orbital del mismo o, dicho esto con más precisión, que la rapidez orbital de un planeta es directamente proporcional a la magnitud de la fuerza con que el Sol lo afecta. (Esto también lo podemos expresar simbólicamente en la forma $V \propto F$ o $V = K_2 F$, donde F representa nuevamente la supuesta fuerza que proviene del Sol, V representa la rapidez orbital del planeta y K_2 es otra constante de proporcionalidad). Combinando estas expresiones que hemos escrito en forma simbólica, se obtienen las siguientes relaciones:

$$(1) \quad F = \frac{K_1}{R}$$

$$V = K_2 \ F, \quad \text{de donde se obtiene que} \quad F = \frac{V}{K_2} \quad (2)$$

Como tanto en la ecuación (1) como en las ecuación (2), el símbolo F se refiere a lo mismo, diríamos que:

$$(3) \quad \frac{K_1}{R} = \frac{V}{K_2} \quad \text{o, lo que es igual,}$$

$$(4) \quad V R = K_1 \ K_2$$

Mantengamos esta relación (4) en mente para aplicarla dentro de poco.

Regresando a la suposición de la Teoría Heliocéntrica de Copérnico de que las órbitas de los planetas son círculos excéntricos y considerando conjuntamente las relaciones expuestas en las ecuaciones (1) y (2), diríamos que cuando el planeta se encuentra más cerca del Sol, su rapidez orbital es mayor que cuando éste está más lejos del Sol (Refiérase a la fig. 7). A base de esto, digamos que el planeta P tarda igual tiempo en ir del punto P_1 al punto P_2 en su órbita y en ir del punto P_3 al punto P_4 en la misma. Si se escoge este intervalo de tiempo suficientemente corto, podremos aproximar las figuras SP_1P_2 y SP_3P_4 a triángulos. Por tanto, haciendo esta aclaración, podríamos comparar las áreas encerradas en las figuras SP_1P_2 y SP_3P_4 con áreas de triángulos. En este momento resulta conveniente recordar que el área de un triángulo se calcula por medio de la relación $A = 1/2 \ bh$, donde A representa área; b representa la base del triángulo y h, su altura. Haciendo uso de esta relación diríamos:

área del triángulo $SP_1P_2 = 1/2 \ (P_1 \ P_2) \ (R_1)$
área del triángulo $SP_3P_4 = 1/2 \ (P_3 \ P_4) \ (R_2)$

donde R_1 y R_2 son radiovectores que constituyen las alturas de los triángulos SP_1P_2 y $SP_3 \ P_4$ respectivamente.

Para expresar el área barrida por el radiovector del planeta por unidad de tiempo en ambos casos, haríamos la siguiente operación:

$$(5) \qquad \frac{\text{área del triángulo } \ SP_1P_2}{\text{tiempo transcurrido en lo que el planeta va de } P_1 \ a \ P_2} = \frac{1/2 \ (P_1P_2) \ (R_1)}{t}$$

$$(6) \qquad \frac{\text{área del triángulo } \ SP_3P_4}{\text{tiempo transcurrido en lo que el planeta va de } P_3 \ a \ P_4} = \frac{1/2 \ (P_3P_4) \ (R_2)}{t}$$

donde t representa el tiempo transcurrido en lo que el planeta va de P_1 a P_2, el cual hemos supuesto igual al tiempo transcurrido en lo que el planeta va de P_3 a P_4. Por otra parte, por definición de rapidez promedio

$$\text{rapidez promedio} = \frac{\text{distancia}}{\text{tiempo}}$$

podemos decir que:

$$(7) \qquad V_1 = \frac{P_1 \ P_2}{t} \quad y \quad V_2 = \frac{P_3 \ P_4}{t}$$

donde V_1 y V_2 representan la rapidez orbital promedio del planeta durante los intervalos de tiempo en que éste va de P_1 a P_2 y de P_3 a P_4 respectivamente.

Haciendo uso de las ecuaciones (7), las ecuaciones (5) y (6) se transforman a las siguientes respectivamente:

$$(8) \qquad \frac{V_1 \ R_1}{2} = \frac{A_1}{t}$$

donde A_1 representa el área del triángulo $SP_1 \ P_2$

$$(9) \qquad \frac{V_2 \ R_2}{2} = \frac{A_2}{t}$$

donde A_2 representa el área del triángulo SP_3P_4.

Recordando ahora la igualdad (4), diremos que

$$\frac{A_1}{t} = K \quad y \quad \frac{A_2}{t} = K$$

En otras palabras, que el área barrida por el radiovector del planeta en los dos intervalos de tiempo considerados fueron iguales. Kepler generalizó este resultado y afirmó que las áreas barridas por el radiovector de un mismo planeta en iguales intervalos de tiempo serán iguales.

Deseamos mencionar incidentalmente que, a pesar de que hoy día aceptamos la Ley de Áreas de Kepler en virtud de la evidencia que la apoya, no aceptamos el método de desarrollo que utilizó Kepler para llegar a la misma. Esto se debe a dos razones:

1. Hoy día no se acepta la relación $\quad F \propto \dfrac{1}{R}$

2. Las alturas de los triángulos cuyas áreas se calculan durante el desarrollo de la Ley están dadas por radiovectores del planeta solamente en las regiones de afelio y perihelio.

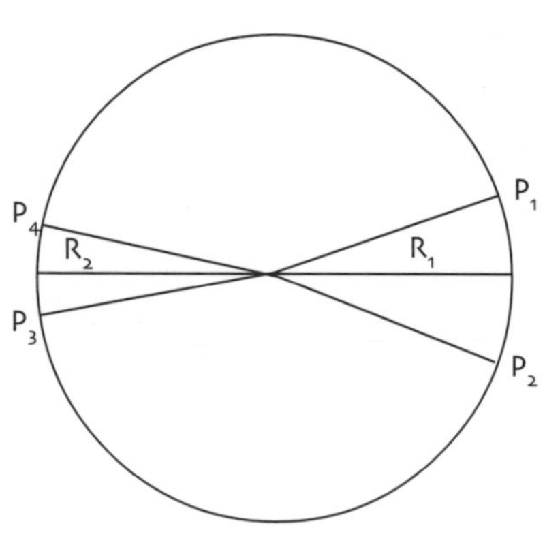

Fig. 7

IV. Ley de Elipses o Primera Ley de Kepler.

Ya hemos discutido los resultados obtenidos por Kepler en su determinación de la órbita de Marte. (Último párrafo, sección II de estas notas.)

Al continuar su trabajo sobre la órbita de Marte, Kepler encontró que la órbita que había obtenido mediante el proceso ya descrito estaba de acuerdo con su Ley de Áreas. Luego trató de encontrar una relación matemática, una fórmula que pudiera ser satisfecha por los puntos en la órbita de Marte que había determinado anteriormente.

Después de no pocos intentos encontró que la fórmula que describe una elipse podía relacionar este conjunto de puntos. Al encontrar que el caso era el mismo cuando se consideraban órbitas de otros planetas, formuló la generalización de que las órbitas de los planetas tienen forma de elipses y que el Sol ocupa uno de los focos de la misma. Esta suposición se conoce como la Ley de Elipses o la Primera Ley de Kepler.

Al suponer que la órbita de Marte era elíptica, resultó muy satisfactoria la relación entre predicciones de posiciones del planeta y observaciones, constituyendo esto fuerte evidencia en apoyo de esta Primera Ley. Se pudo hacer la misma aseveración, con relación a la correspondencia entre predicción y observación, cuando se consideraron otros planetas y se supuso para ellos una órbita también elíptica.

V. Ley Armónica o Tercera Ley de Kepler

El desarrollo de sus dos primeras leyes no satisfizo por completo a Kepler. En efecto, éste se dedicó luego a investigar la posibilidad de encontrar alguna expresión matemática que le permitiera relacionar información de un planeta con la de otros. A estos fines, examinó la posibilidad de alguna relación numérica significativa entre las distancias de los planetas al Sol y sus períodos de revolución. A continuación ofrecemos la tabla de valores que Kepler utilizó en esta parte de su investigación.

PLANETA	PERÍODO DE REVOLUCIÓN EN AÑOS	DISTANCIA DEL SOL (TOMANDO DISTANCIA PROMEDIO DE TIERRA AL SOL COMO UNIDAD)	$\dfrac{(\text{PERÍODO})^2}{(\text{DISTANCIA PROMEDIO})^3}$
Mercurio	0.2408	Perihelio 0.307 Promedio 0.388 Afelio 0.470	$\dfrac{0.0580}{0.0584}$
Venus	0.6152	Perihelio 0.719 Promedio 0.724 Afelio 0.729	$\dfrac{0.3795}{0.3795}$
Tierra	1.0000	Perihelio 0.982 Promedio 1.000 Afelio 1.018	$\dfrac{1.000}{1.000}$
Marte	1.8809	Perihelio 1.382 Promedio 1.524 Afelio 1.665	$\dfrac{3.538}{3.540}$
Júpiter	11.8626	Perihelio 4.949 Promedio 5.200 Afelio 5.451	$\dfrac{140.7}{140.6}$
Saturno	29.4571	Perihelio 8.968 Promedio 9.510 Afelio 10.052	$\dfrac{867.7}{860.1}$

Como se puede desprender de esta tabla, Kepler encontró que el cuadrado del período de revolución de un planeta es directamente proporcional al cubo de su distancia promedio al Sol. Escrito esto simbólicamente, obtenemos lo siguiente:

$$T^2 \propto R^3 \text{ o } T^2 = KR^3$$

donde T representa el período de revolución del planeta, R representa la distancia promedio del planeta al Sol y K es una constante de proporcionalidad.

Al establecer esta relación para cada planeta conocido, Kepler observó que la constante de proporcionalidad era la misma para todos los planetas, lo que hace posible establecer la siguiente igualdad:

$$(10) \qquad \frac{T_1^2}{T_2^2} = \frac{R_1^3}{R_2^3}$$

donde T_1 y T_2 representan los períodos de revolución de cualesquiera dos planetas y R_1 y R_2 representan las correspondientes distancias promedios de esos dos planetas al Sol.

Ya que esta fórmula permitía relacionar datos de un planeta con datos de otros, esto se puede interpretar en el sentido de que la misma describe la armonía del sistema planetario. Kepler llamó esta ecuación (10) con el nombre de Ley Armónica. Se le conoce también como la Tercera Ley de Kepler.

PARTE II
MOVIMIENTO DE LOS CUERPOS EN LA TIERRA

NOTAS BREVES ACERCA DE LA GÉNESIS DE LA CINEMÁTICA*

De acuerdo con las dos principales teorías del universo ya estudiadas, la observación sistemática y la aplicación de la inteligencia humana permitieron simplificar los complejos movimientos de los cuerpos celestes. Esos complicados movimientos quedaron reducidos a **sistemas** (teorías) que permitieron no sólo su explicación, sino las predicciones relacionadas con tal actividad móvil. Tal y como discutido, la satisfacción intelectual experimentada con respecto a esas explicaciones y predicciones ofrecidas por una de esas teorías, fue ganando adeptos, lenta pero decididamente por sobre las otras teorías. La rivalidad entre los distintos sistemas (y entre los seguidores de cada uno) es parte del gran legado de las civilizaciones antiguas y algunas no tan antiguas. No obstante, para llegar a tal grado de satisfacción, gran parte de la raza humana soportó, por un largo trayecto (casi 2000 años), sufrimientos intelectuales y físicos. Sin embargo, la explicación del tránsito de los cuerpos celestes por el cielo es sólo parte del problema sobre el tema del movimiento de otros cuerpos del universo. Los cuerpos en la Tierra, por ejemplo, también se mueven y, por tanto, es insoslayable el estudio que sobre ellos se pueda hacer.

Un problema fue explicar los movimientos **de** la Tierra. Otro problema es explicar los movimientos de los cuerpos **en** la Tierra. ¿Cómo acometer dicha empresa? Los movimientos que presentan los "cuerpos terrestres" parecen tanto o más complejos que el de los cuerpos celestes. La ciencia no estaba lo suficientemente desarrollada o madura para aspirar al éxito en la explicación de este fenómeno. Es por eso que Galileo inicia, prácticamente desde cero, sus investigaciones sobre este problema. Los logros obtenidos por él en sus experimentos marcan el nacimiento de una nueva ciencia. Demostrando una genialidad y originalidad sorprendentes en el uso de la lógica y el experimento, Galileo logró formular una serie de leyes de movimiento que sirvieron de base a la ciencia de la *cinemática,* esa rama de la mecánica que, sin tener en cuenta las leyes que los producen, estudia los movimientos de los cuerpos. Sus palabras fueron proféticas ya que al final de sus escritos sobre el tema, y en voz de Sagredo dice:

---

* Por Rafael Ortiz Vega y Eva Arzola de Calero.

Creo realmente que de la misma manera que, por ejemplo, los pocos axiomas sentados por Euclides en sus Elementos conducen a teoremas recónditos, así los principios establecidos en este pequeño tratado, cuando sean considerados por mentes especulativas, conducirán a otros resultados más notables, y se debe creer que así será teniendo en cuenta la nobleza del tema, que es superior en naturaleza a cualquier otro.

Los métodos que utilizó en la derivación de sus leyes y la manera en que combinó el razonamiento teórico con experimentos hipotéticos o reales forman parte del patrimonio de la ciencia moderna, ese monumental edificio que él, más que ningún otro mortal, ayudó a construir y cimentar. No debe causar asombro, pues, que a Galileo Galilei se le designe como el **"padre de la ciencia moderna".**

Los hallazgos de Galileo en torno al problema del movimiento de los cuerpos en la Tierra se publicaron en su obra *Diálogo y demostraciones matemáticas sobre dos nuevas ciencias*, quizás su obra más importante. La misma se publicó cuando se encontraba en las postrimerías de su vida, a los setenta y cuatro años de edad. Las lecturas que aparecen a continuación son selecciones de esa obra. Estas selecciones tienen particular valor, tanto por los resultados de su análisis, como por la variedad e importancia de los métodos que utiliza para llegar a sus conclusiones.

SELECCIÓN DE LOS DIÁLOGOS *

ACERCA DE DOS NUEVAS CIENCIAS
Tercer día
GALILEO GALILEI

Cambio de posición

Es mi propósito poner en marcha una muy nueva ciencia que trata de un tema muy antiguo. Tal vez no exista en la naturaleza nada más antiguo que el movimiento; y acerca de él son numerosos y extensos los libros escritos por los sabios; sin embargo, he descubierto mediante experimentación algunas de sus propiedades que son dignas de saberse y que hasta ahora no han sido observadas ni demostradas. Algunas observaciones superficiales han sido hechas como, por ejemplo, que el movimiento libre de caída de un cuerpo pesado es continuamente acelerado; pero todavía no se ha hallado hasta qué grado esta aceleración ocurre, pues hasta donde yo sé, nadie ha señalado todavía que las distancias recorridas durante iguales intervalos de tiempo por un cuerpo en caída que ha partido del reposo son unas a las otras como los números impares comenzando con la unidad.

Se ha observado que balas y proyectiles describen una trayectoria curva; sin embargo, nadie ha señalado el hecho de que este paso es una parábola. Este y otros hechos, no pocos en número y en importancia, he logrado demostrar y, lo que considero más importante, dejaré expeditos la puerta y el acceso hacia una vastísima y excelente ciencia, cuyos fundamentos serán estas mismas investigaciones, y en la cual ingenios más agudos que el mío podrán alcanzar mayores profundidades.

Esta discusión se divide en tres partes: la primera trata del movimiento que es constante o uniforme; la segunda, de movimiento acelerado como lo encontramos en la naturaleza, y la tercera trata de los llamados movimientos violentos y los proyectiles.

• Versión revisada y actualizada extraída de *Selección de Textos de Ciencias Físicas;* Editorial de la Universidad de Puerto Rico, 14 ed., 2003.

Al tratar el movimiento uniforme tenemos necesidad de una sola definición, que yo enunciaré del modo siguiente:

Definición

Entiendo que un móvil está animado de un movimiento uniforme cuando recorre espacios iguales en cualesquiera intervalos de tiempo iguales.

Advertencia

Debemos añadir a la antigua definición (que define simplemente movimiento uniforme como aquél en que espacios iguales son recorridos en tiempos iguales) el vocablo cualesquiera, queriendo decir con esto todos los intervalos iguales de tiempo, porque puede suceder que el móvil recorra espacios iguales durante tiempos iguales y, sin embargo, no sean iguales los espacios recorridos durante algunas fracciones más pequeñas, aunque entre sí iguales, de esos mismos tiempos.

Movimiento naturalmente acelerado

Las propiedades del (movimiento) uniforme han sido discutidas en la primera parte, pero nos queda la consideración del movimiento acelerado.

En primer lugar, parece conveniente encontrar y explicar una definición lo más ajustada posible a los fenómenos naturales. Cualquier persona puede inventar un movimiento arbitrario y discutir sus propiedades; así, por ejemplo, algunos han imaginado hélices y concoides como descritos por movimientos que no encontramos en la naturaleza y han, establecido, muy loablemente, las propiedades que estas curvas poseen en virtud de sus definiciones; pero nosotros hemos decidido considerar los fenómenos de caídas de cuerpos con la aceleración que ocurre en la naturaleza y hacer que esta definición de movimiento acelerado exhiba los rasgos esenciales de los movimientos acelerados observados. Después de repetidos esfuerzos confiamos haber acertado en la empresa. En esta creencia estamos confirmados mayormente por la consideración de que los resultados experimentales parecen concordar y corresponder exactamente con aquellas propiedades que, una tras otra, han sido demostradas por nosotros. Finalmente, en la investigación del movimiento naturalmente acelerado hemos sido guiados, como si fuera de la mano, a seguir el hábito y costumbre de la misma naturaleza en todos sus demás procesos, es decir, a emplear solamente aquellos medios que sean más comunes, simples y fáciles.

Pues yo pienso que nadie crea que el nadar o volar pueda realizarse de una manera más simple o fácil que la que instintivamente emplean los peces y las aves.

Por tanto, cuando observo caer una piedra inicialmente en reposo desde una posición elevada y adquiriendo continuamente nuevos incrementos de velocidad, ¿por qué no creer que estos aumentos tienen lugar de una manera extraordinariamente simple y obvia para todos? Si examinamos ahora el problema cuidadosamente no encontraremos aumento más sencillo que el que se repite él mismo siempre y de la misma manera. Fácilmente entendemos esto cuando consideramos la íntima relación entre tiempo y movimiento; pues justamente, como la uniformidad del movimiento es definida y concebida por medio de tiempos y espacios iguales (llamamos un movimiento uniforme cuando distancias iguales son recorridas en intervalos de tiempo iguales), podemos, de igual manera, a través de iguales intervalos de tiempo, imaginar aumentos de velocidad como teniendo lugar sin complicaciones; así, podemos imaginarnos *un movimiento como uniforme y continuamente acelerado cuando, en cualesquiera intervalos de tiempo iguales, se le comunican iguales incrementos de velocidad.* Así, si cualesquiera intervalos de tiempo iguales han transcurrido, a partir del instante en que el móvil abandona su posición de reposo y comienza a descender, la cantidad de velocidad adquirida durante los dos primeros intervalos de tiempo será el doble de la adquirida durante el primer intervalo solo, así como la cantidad adquirida durante tres de estos intervalos de tiempo será triple y en cuatro, cuatro veces mayor que en el primer intervalo de tiempo. Para expresarlo de una manera más clara, si un cuerpo fuera a continuar su movimiento con la misma rapidez que había adquirido durante el primer intervalo de tiempo y retuviese esta misma rapidez uniforme, entonces su movimiento sería dos veces más lento que aquél que hubiera tenido si su velocidad hubiera sido adquirida durante dos intervalos de tiempo.

Y así me parece no estaremos muy equivocados si ponemos el incremento en velocidad como proporcional al incremento del tiempo, pues la definición del movimiento que vamos a discutir puede establecerse como sigue: Decimos que un movimiento es uniformemente acelerado cuando, partiendo del reposo, adquiere durante iguales intervalos de tiempo iguales incrementos de velocidad.

SAGREDO— Aunque no puedo presentar ningún argumento de razón contra ésta ni, en verdad, contra ninguna otra definición ideada por cualquier otro autor, pues todas las definiciones son arbitrarias, puedo, no obstante, sin ofensa, permitirme dudar si una tal definición como la anterior, establecida de una manera abstracta, corresponde y describe aquella clase de movimiento acelerado que encontramos en la naturaleza en el caso de la caída libre de los cuerpos. Y ya que el autor aparentemente sostiene que el movimiento descrito en su definición es aquél que sufren los cuerpos en su caída libre, quisiera liberar mi mente de ciertas dificultades, de manera que luego pueda dedicarme encarecidamente a las proposiciones y a las demostraciones.

SALVIATI— Está bien que usted y Simplicio promuevan esas dificultades. Son, me imagino, las mismas que se me ocurrieron a mí cuando, por primera vez, vi este tratado y que fueron resueltas, o mediante discusión con el mismo autor, o volviendo sobre este asunto en mi propia mente.

SAGREDO— Cuando pienso en cuerpos pesados cayendo del reposo, es decir, partiendo con velocidad cero y ganando en rapidez en proporción al tiempo desde el comienzo del movimiento, tal movimiento sería, por ejemplo, el que en ocho latidos del pulso adquiere ocho grados de velocidad, habiendo adquirido al final del cuarto latido cuatro grados; al final del segundo, dos, y al final del primero, uno; y como el tiempo se puede dividir indefinidamente, se sigue de todas estas consideraciones que, si la velocidad inmediatamente anterior de un cuerpo es menor que su velocidad actual en una razón constante, entonces no hay ningún grado de rapidez, por pequeño que sea, (también podría decirse ningún grado de lentitud, por grande que fuere), con el que no podamos encontrar este cuerpo, moviéndose con infinita lentitud, es decir, a partir del reposo. De modo que si aquella velocidad que tiene al final del cuarto latido era tal que, si se conservase uniforme el móvil, recorrería dos millas en una hora y que, si conservase la velocidad que tiene al final del segundo latido recorrería una milla en una hora, podemos inferir que, conforme el instante de partida está más y más próximo, el cuerpo se mueve tan lentamente que, si se conservase su movimiento en esta proporción, no recorrería una milla, no ya en una hora o en un año, sino ni siquiera en cien años; en verdad que no atravesaría un palmo ni siquiera en un tiempo mucho mayor y éste es un fenómeno que confunde la imaginación, mientras nuestros sentidos nos muestran que un cuerpo adquiere rápidamente una gran velocidad.

SALVIATI— Esta es una de las dificultades que yo experimenté también al principio pero que, acto seguido, resolví y la solución fue realizada por el mismo experimento que le originó la dificultad a usted. Dice usted: el experimento empieza mostrándonos que inmediatamente después que un cuerpo pesado parte del reposo adquiere una velocidad muy considerable, y yo digo que el mismo experimento aclara el hecho de que los movimientos iniciales de un cuerpo cayendo, no importa cuán pesado sea, son muy lentos y pausados. Coloquemos un cuerpo pesado sobre un material blando y abandonémosle allí sin ninguna presión, excepto la debida a su propio peso; es evidente que si se levanta este cuerpo un codo o dos y se le deja caer sobre el mismo material, ejercerá con su impulso una nueva y mayor presión que la que causó con su exclusivo peso, y este efecto está ocasionado por el peso del cuerpo que cae, juntamente con la velocidad adquirida durante la caída, efecto que será más y más grande según la altura de la que caiga, esto es, conforme la velocidad del cuerpo que cae llega a ser más grande. De las características y magnitud del impacto podemos estimar con precisión la velocidad del cuerpo que ha caído. Ahora bien, díganme, señores, ¿no es cierto que si se deja caer un bloque sobre una estaca desde una altura de cuatro codos y la introduce en tierra, digamos, cuatro dedos, la que caiga de una altura de dos codos la introducirá una profundidad mucho menor, y aquella que caiga de una altura de un codo, una profundidad todavía menor? Y, finalmente, si el bloque se levanta solamente un dedo, ¿cuánto más penetraría que si meramente lo ponemos encima de la estaca sin percusión? Ciertamente, muy poco. Y si lo levantásemos solamente el espesor de una hoja, el efecto sería prácticamente imperceptible. Y como el efecto del choque depende de la velocidad del cuerpo que golpea, ¿puede alguien dudar que el movimiento es muy lento y que la velocidad es más que pequeña cuando el efecto es imperceptible?

Vea ahora el poder de la verdad. El mismo experimento que a primera instancia parecía demostrar una cosa, cuando es examinado más cuidadosamente nos asegura de lo contrario.

Pero, sin depender de ese experimento que, sin duda, es muy terminante, me parece que no debe ser difícil establecer tal hecho por razonamiento solamente. Imagine una piedra sostenida en el aire en reposo; se elimina lo que la sostiene y la piedra queda libre; entonces, ya que es más pesada que el aire, comienza a caer, y no con movimiento uniforme, sino que lentamente al principio y con un movimiento continuamente acelerado. Ahora, ya que la rapidez puede ser aumentada o disminuida sin límite, ¿qué razón hay para creer que tal cuerpo en movimiento, que comienza con una lentitud infinita, esto es, del reposo, inmediatamente adquiere una rapidez de diez grados, en vez de una de cuatro grados o de dos, o de uno, o de una mitad, o de una centésima, o, verdaderamente, cualquiera de uno de los pequeños valores que se hallan en un número infinito? Poned atención. Dudo que se opongan ustedes a aceptar que la ganancia de rapidez de la piedra que cae del reposo sigue la misma secuencia que la disminución y pérdida de esa misma rapidez cuando, por una fuerza que la impulsa, la piedra se lance a su elevación original; pero aunque ustedes no acepten esto, no puedo yo ver cómo pueden ustedes dudar que la piedra que asciende disminuyendo su rapidez debe, antes de obtener el reposo, pasar por todo grado de lentitud posible.

SIMPLICIO— Pero si el número de grados de mayor y mayor lentitud es indefinido, nunca se agotarán y, por tanto, tal cuerpo que asciende nunca alcanzará el reposo, sino que continuará moviéndose sin límite siempre a una rapidez menor y esto no es lo observado.

SALVIATI— Esto sucedería, Simplicio, si el cuerpo fuese a mantener su rapidez por algún tiempo en cada grado de velocidad; pero meramente pasa cada punto sin detenerse más que un instante y ya que cada intervalo de tiempo, no importa cuán pequeño sea, puede ser dividido en un número infinito de instantes, éstos serán siempre suficientes para corresponder con el número infinito de grados de velocidad reducida.

Que tal gravedad que asciende no descansa por ningún tiempo en ningún grado dado de velocidad, es evidente por lo que sigue: porque si se asignara un intervalo de tiempo dado y el cuerpo se moviese con la misma rapidez en el primero y el último instante de ese intervalo, podría, de este segundo grado de elevación, ser levantado de una manera igual a través de una altura igual, tal como pasó de una primera elevación a una segunda y, por el mismo razonamiento, pasaría de una segunda a una tercera y, finalmente, continuaría con un movimiento uniforme para siempre.

SAGREDO— Me parece que de estas consideraciones podríamos obtener una solución propia al problema discutido por los filósofos; éste es: ¿qué causa la aceleración en el movimiento natural de los cuerpos pesados? Ya que, como yo lo veo, la fuerza impresa por el agente que proyecta el cuerpo hacia arriba disminuye continuamente, esta fuerza, mientras sea mayor que la fuerza opuesta de gravitación, impulsa el cuerpo hacia arriba; cuando las dos están en equilibrio el cuerpo cesa de subir y pasa por un estado de reposo en el que el ímpetu impreso no ha sido destruido, pero sólo su exceso sobre el peso del cuerpo ha sido consumido—exceso que causó la subida del cuerpo—. Luego, según la reducción del ímpetu exterior continúa y la gravitación toma el mando, la caída comienza, pero lentamente al principio, debido al ímpetu que se opone, del que todavía queda una gran parte en el cuerpo; pero, a la misma vez que éste continúa disminuyendo más y más, es superado por la gravedad y de ahí la continua aceleración del cuerpo.

SIMPLICIO— La idea es inteligente, pero más bien sutil que cierta porque, aun cuando el argumento fuese concluyente, explicaría sólo el caso en que el movimiento violento precede el natural en donde todavía queda activa parte de la fuerza externa, pero donde no quede esa parte de fuerza y el cuerpo comience del reposo, la fuerza lógica del argumento falla.

SAGREDO— Creo que estás en un error y que esta distinción de casos que haces es superflua o, aún más, no existe. Pero dime, ¿no puede un proyectil recibir del proyector una fuerza grande o pequeña tal que lo eleve a una altura de cien codos o aun veinte o cuatro o uno?

SIMPLICIO— Sí, sin duda.

SAGREDO— Por tanto, esta fuerza impresa podría exceder la resistencia de la gravedad tan poco como para elevar el cuerpo sólo por un dedo y, finalmente, la fuerza del proyector podría ser sólo lo suficientemente grande para balancear exactamente la resistencia de la gravedad de tal forma que el cuerpo no sea elevado, sino meramente sostenido. Cuando uno sostiene una piedra en su mano ¿no está uno dándole a ese cuerpo una fuerza hacia arriba igual al poder de la gravedad que la atrae hacia abajo? ¿Y no continúa uno ejerciendo esa fuerza sobre la piedra mientras uno la sostenga en su mano? ¿Disminuye, quizá, con el tiempo durante el que uno la aguanta?

¿Y qué importa si este sostén que previene la caída de la piedra viene de una mano, de una mesa o de una soga desde la que cuelgue? Ciertamente, absolutamente nada. Por tanto, Simplicio, debes concluir que no causa diferencia alguna si la caída de la piedra es precedida por un período de reposo, sea largo, corto o instantáneo, siempre que la caída no ocurra mientras la piedra recibe una fuerza opuesta a su peso y suficiente para sostenerla en reposo.

SALVIATI— El presente no parece ser el momento propicio para investigar la causa de la aceleración en el movimiento natural, concerniente al cual varias opiniones han sido expresadas por varios filósofos, algunos explicándola como atracción hacia el centro; otros, como repulsión entre partes pequeñas del cuerpo, mientras otros la atribuyen a cierta tensión en el medio que lo rodea, que va cerrando tras el cuerpo que cae y lo empuja de una posición a la otra. Ahora, estas fantasías y otras también deben ser examinadas, pero no vale la pena. En el presente es el propósito de nuestro autor meramente investigar y demostrar algunas de las propiedades del movimiento acelerado (no importa cuál sea la causa de esta aceleración), queriendo decir un movimiento tal que el *momentum* de su velocidad continúa aumentando después de partir del reposo, en una simple proporcionalidad con el tiempo, que es lo mismo que decir que, en intervalos de tiempo iguales, el cuerpo recibe iguales incrementos de velocidad; y, si encontramos que las propiedades que demostraremos más tarde se realizan en cuerpos en caída libre y acelerada, podremos concluir que la definición supuesta incluye el movimiento de caída de los cuerpos y que su rapidez aumenta según el tiempo y la duración del movimiento aumentan.

....

SAGREDO— ...Ahora, continuando con nuestro tema, nos parecería que hasta el presente hemos establecido la definición de movimiento uniformemente acelerado, como sigue:

Se dice que un movimiento es igual o uniformemente acelerado cuando, partiendo del reposo, su *momentum* adquiere incrementos iguales en tiempos iguales.

SALVIATI— Establecida esta definición, el autor hace una sola suposición, a saber:

Las velocidades adquiridas por uno y el mismo cuerpo que se mueve por planos de diferentes inclinaciones son siempre iguales mientras la altura de estos planos sea la misma.

Entiendo por altura de un plano inclinado la perpendicular bajada desde el extremo más alto del plano a la línea horizontal que pasa por el extremo más bajo del mismo plano. En efecto, sea AB (fig. 1) una línea horizontal y CA y CD, dos planos cualesquiera inclinados respecto de la horizontal; en este caso el autor denomina "altura" de los planos CA y CD a la perpendicular CB; supone que las velocidades adquiridas por un mismo cuerpo al descender a lo largo de los planos CA y CD en los puntos finales A y D son iguales, puesto que la altura de estos planos es la misma, o sea, CB; e incluso debemos pensar que esta rapidez es la que adquiriría el cuerpo al caer de C a B.

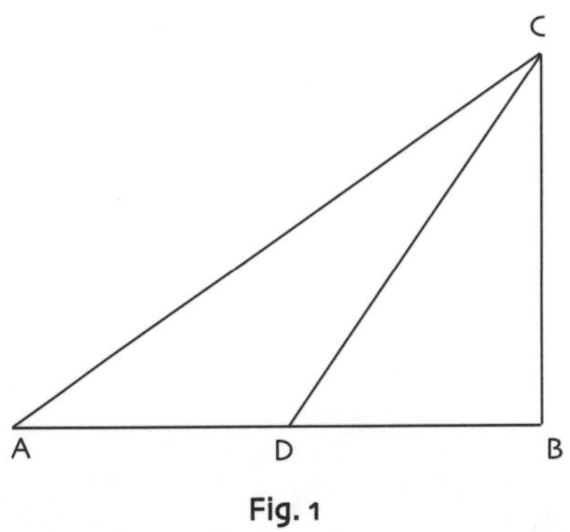

Fig. 1

SAGREDO— Su hipótesis me parece tan razonable que debe ser aceptada sin discusión, teniendo en cuenta, desde luego, que no existen resistencias exteriores, que los planos son resistentes y bien pulidos y que el móvil es perfectamente redondo, de forma que no haya fricción entre el plano y el móvil. Si, pues, ha sido suprimida toda resistencia, a mi entender una bola pesada y perfectamente redonda que descienda a lo largo de las rectas CA, CD y CB deberá alcanzar los puntos finales A, D, B con igual rapidez.

SALVIATI—Su afirmación es plausible; pero deseo, mediante un experimento, aumentar la probabilidad de este supuesto, cosa que espero resulte muy cerca de ser una rigurosa demostración.

Imaginemos que esta página representa una pared vertical (fig. 2) sobre la que hemos fijado un clavo. Suspendamos de este clavo una bola de una o dos onzas de peso mediante un hilo fino de unos cuatro o seis pies de largo que quedará en la posición vertical AB. Sobre esta pared dibujemos una línea horizontal DC que forme ángulos rectos con la vertical AB, que está separada de la pared como unos dos dedos. Elevamos a continuación el hilo y la bola a la posición AC y dejamos el sistema mecánico en libertad. Observamos, primero, que la bola, al descender a lo largo del arco CBD, pasa por el punto B y recorre el arco BD hasta que casi alcanza la horizontal CD; esta pequeña diferencia se debe a la resistencia que el aire ofrece al cordón y a la bola; de aquí que podamos inferir correctamente que la bola en su descenso a través del arco CB adquirió un *momentum* al llegar al punto B que será suficiente para llevarla a través del arco BD hasta la misma altura de la que partió. Habiendo repetido el experimento varias veces con idéntico resultado, coloquemos ahora otro clavo en E o F sobre la perpendicular AB, de modo que sobresalga unos cinco o seis dedos para que el hilo, al llevar otra vez la bola a lo largo del arco CB, quede sujeto al clavo en E cuando la bola alcanza el punto B y ésta se vea obligada a recorrer el arco BG, descrito alrededor de E como centro. De todo esto podemos ver lo que se puede lograr con el mismo *momentum* que tenía la bola en B y que la hizo recorrer el arco BD hasta la horizontal CD. Ahora, señores, observarán con satisfacción y sorpresa que la bola oscila hasta alcanzar el punto G en la horizontal. Y verían también el mismo hecho si el clavo fuese colocado un poco más abajo, por ejemplo, en F, pues la bola describiría el arco BI, de forma que el punto más alto alcanzado por la bola siempre estará situado en la horizontal CD. Si el clavo está colocado tan bajo que la parte del hilo que queda debajo de él no alcanza la altura CD (lo que sucederá si el clavo fuese colocado más cerca de B que de la intersección de AB con CD), entonces el hilo gira enroscándose alrededor del clavo.

Este experimento no deja lugar a dudas en cuanto a la veracidad de nuestro supuesto; puesto que los dos arcos, CB y DB, son iguales y están simétricamente dispuestos, el *momentum* adquirido en la caída a lo largo de CB es el mismo que adquirió al caer a lo largo del arco DB; pero el *momentum* que tiene en B, debido a la caída a lo largo de CB, es suficiente

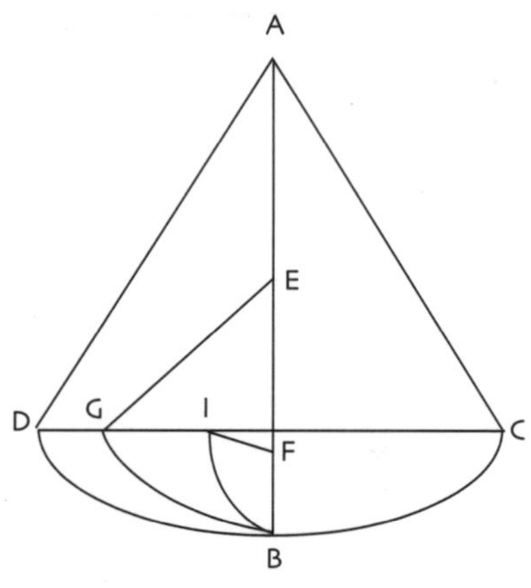

Fig. 2

para levantar el mismo móvil a lo largo de BD; por tanto, el *momentum* adquirido en la caída BD es igual al que conseguiría levantar el mismo cuerpo a través del mismo arco de B a D. Así, en general, todo *momentum* adquirido por la caída en un arco dado es igual a aquél que levantaría el cuerpo a través del mismo arco. Pero todos estos momentos que producen una subida a lo largo de los arcos BD, BG y BI son iguales, pues están producidos por el mismo *momentum* conseguido por la caída a lo largo del arco CB, como muestra el experimento. De aquí que podamos afirmar que todos los momenta adquiridos en la caída a través de los arcos DB, GB e IB son iguales.

SAGREDO— La argumentación es tan concluyente y el experimento tan adecuado para confirmar la hipótesis que se puede considerar ésta como demostrada.

SALVIATI— No quiero, Sagredo, que nos preocupemos demasiado con este asunto porque vamos a aplicar este principio especialmente a movimientos que van a tener lugar sobre superficies planas, y no sobre curvas, a lo largo de las cuales la aceleración varía de una manera muy diferente de la que hemos supuesto para los planos.

Así, aunque el experimento anterior nos muestra que el descenso del móvil a través del arco CB le comunica el *momentum* estrictamente necesario para llevarle a la misma altura a lo largo de los arcos BD, BG y BI, no podemos por idénticos medios probar que el resultado sería el mismo en el caso de una bola perfectamente redonda descendiendo a lo largo de planos cuyas inclinaciones fuesen respectivamente las mismas que las de las cuerdas de estos arcos. Parece probable, por otro lado, que ya que estos planos forman ángulos iguales en el punto B presentarán un obstáculo para la bola que ha descendido a lo largo de la cuerda CB y se dispone a subir a lo largo de las cuerdas BD, BG y BI.

Al golpear sobre estos planos perderá algo de su *momentum* y no será capaz de alcanzar la altura de la línea CD; pero una vez suprimido este obstáculo que entorpece el experimento, parece claro que el *momentum* (que entorpece con la caída) será capaz de llevar el cuerpo a la misma altura. Permítasenos, pues, por el presente, considerar las afirmaciones anteriores como un postulado cuya absoluta certeza será establecida cuando encontremos que las consecuencias deducidas de él están perfectamente de acuerdo con la experiencia.

Habiendo el autor supuesto este único principio pasa a las proposiciones que demuestra muy claramente; la primera de estas proposiciones es la siguiente:

TEOREMA I

El tiempo en el que un espacio es recorrido por un cuerpo partiendo del reposo y con un movimiento uniformemente acelerado es igual al tiempo en el que el mismo espacio sería atravesado por el mismo cuerpo moviéndose con una rapidez uniforme, cuyo valor es la media aritmética entre la rapidez mayor y la rapidez que tenía cuando empezó la aceleración.

Representemos mediante la línea AB (fig. 3) el tiempo durante el cual es recorrido un cierto espacio por un cuerpo que parte del reposo y acelera uniformemente. Representemos por EB, perpendicular a AB, la rapidez final adquirida durante el tiempo representado por AB. Trazamos la línea AE. Por tanto, todas las líneas trazadas desde puntos equidistantes sobre la línea AB y paralelas a BE representarán los valores crecientes de la rapidez, a partir del instante A. Cojamos el punto F, que biseca a BE, y tracemos FG paralela a AB y GA paralela a FB, formando así un paralelogramo AGFB cuya área será igual a la del triángulo AEB, puesto que el lado GF biseca el lado AE en el punto I, pero si las líneas en el triángulo AEB se prolongan hasta GI, entonces la suma de todas las paralelas contenidas en el cuadrilátero es igual a la suma de las contenidas en el triángulo AEB; las del triángulo IEF son iguales a las contenidas en el triángulo GIA, mientras que las contenidas en el trapezoide AIFB son comunes. Ya que todos y cada uno de los instantes del intervalo de tiempo AB tiene su punto correspondiente en la línea AB, desde los cuales se dibujan paralelas que son limitadas por el triángulo AEB, que representa los valores crecientes de la velocidad (en el movimiento uniformemente acelerado) y, ya que las paralelas contenidas en el interior del rectángulo representan los valores de la rapidez que no crece, sino que permanece constante, nos parece de igual manera que los momentos adquiridos por el cuerpo en movimiento, en el caso del movimiento acelerado, pueden también ser representados por las paralelas que crecen en el triángulo AEB y, en el caso del movimiento uniforme, por las paralelas del rectángulo GABF. Pues la deficiencia en *momentum* en la primera parte del movimiento acelerado (deficiencia que aparece representada por las paralelas del triángulo AGI) es compensada por los momenta representados en las paralelas del triángulo IEF.

Es evidente, por tanto, que serán recorridos en tiempos iguales, iguales espacios, por dos cuerpos, uno de los cuales, partiendo del reposo, se mueva con una aceleración constante, mientras el *momentum* del otro, animado de un movimiento uniforme, sea la mitad del momentum máximo correspondiente al movimiento uniformemente acelerado citado.

Q. E. D.*

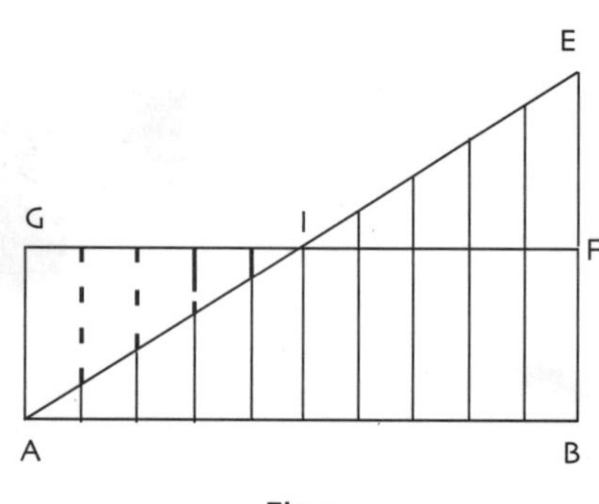

Fig. 3

TEOREMA II

Los espacios recorridos por un cuerpo cayendo del reposo con un movimiento uniformemente acelerado son unos respecto a los otros como los cuadrados de los intervalos de tiempo empleados en atravesar dichas distancias.

Sea a la aceleración del cuerpo y v la rapidez que adquiere en el tiempo t. Como el cuerpo parte del reposo

$$v_f = at$$

donde v_f es la velocidad final al cabo del tiempo t.

La distancia d recorrida por el cuerpo en el tiempo t es la que sería recorrida en el mismo tiempo por un cuerpo que se mueva con un movimiento uniforme con la rapidez $^1/_2 v_f$ (Teorema I).

Por tanto

$$d = 1/2 \, v_f t$$

y como

$v_f = at$, substituyendo, resulta

$d = 1/2 \, at^2$

Ahora bien, si d_1 y d_2 son las distancias recorridas en los tiempos t_1 y t_2, tendremos

$$\frac{d_1}{d_2} = \frac{1/2 \, at_1^2}{1/2 \, at_2^2} \qquad \frac{d_1}{d_2} = \frac{t_1^2}{t_2^2} \qquad \text{ó} \qquad \frac{d_1}{t_1^2} = \frac{d_2}{t_2^2} \; .$$

COROLARIO I

Por tanto, es evidente que, si consideramos iguales intervalos de tiempo, contados a partir del comienzo del movimiento, las distancias recorridas en cada uno de los sucesivos intervalos de tiempo estarán unas respecto a las otras en la misma relación que la serie de los números impares 1, 3, 5, 7, etc., porque ésta es la relación de las diferencias de los cuadrados de los números naturales comenzando por la unidad.

SIMPLICIO—Estoy convencido de que estas cuestiones son como han sido descritas en los teoremas y corolarios, una vez que se haya aceptado la definición de movimiento uniformemente acelerado. Pero en cuanto a ser esta aceleración la que uno se encuentra en la naturaleza en el caso de los cuerpos que caen, estoy todavía lleno de dudas; y creo, no solamente para mi propio saber, sino también para todos aquellos que piensan como yo, que éste es el momento oportuno para introducir uno de aquellos experimentos—y creo que hay varios—que ilustrarán de diversa forma las conclusiones obtenidas.

SALVIATI— La petición que usted, como hombre de ciencia, hace es muy razonable porque éste es el procedimiento—y lo propio—en aquellas ciencias en las que las demostraciones matemáticas se aplican a los fenómenos naturales, como ocurre en los casos de perspectiva, astronomía, mecánica, música y otras ciencias, en las que los principios, una vez establecidos mediante experimentos bien seleccionados, llegan a constituir la fundamentación de toda la superestructura. Espero no parecerá una pérdida de tiempo si discutimos extensamente este problema primero y fundamentalísimo, gozne en torno del cual giran numerosas consecuencias de las que tenemos en este libro un pequeño número de ejemplos, presentados por el autor, quien tanto ha contribuido a abrir para las inteligencias de genio especulativo un camino hasta ahora cerrado. Los experimentos no han sido despreciados por el autor hasta este momento y, frecuentemente, en su compañía, he intentado asegurarme yo mismo, como a continuación indico, que la aceleración experimentada en la caída libre de los cuerpos es la descrita anteriormente.

Tomamos una pieza de madera moldeada de unos doce codos de largo, de medio codo de ancho y tres dedos de grueso; sobre su borde cortamos un canal de un dedo de ancho, poco más o menos. Labramos este surco muy estrecho, liso y pulido, y lo cubrimos con pergamino tan fino y liso como nos fue posible y dejamos rodar a lo largo de él una bola de bronce, dura, lisa y muy redonda. Habiendo colocado esta tabla en una posición inclinada, levantando uno de sus extremos uno o dos codos sobre el otro, echamos a rodar la bola, exactamente como dije antes, anotando, de la forma que luego describimos, el tiempo empleado en el descenso. Repetimos este experimento más de una vez para medir el tiempo con una precisión tal que la desviación entre dos observaciones nunca excediese en una décima de pulsación. Habiendo realizado esta operación y habiéndonos asegurado nosotros mismos de la exactitud de la misma, dejamos rodar la bola solamente una cuarta parte de la longitud del canal y, habiendo medido el tiempo empleado en el descenso, encontramos que era la mitad del primero. Luego experimentamos con otras distancias, comparando el tiempo empleado en el recorrido total con el empleado en recorrer cualquiera otra fracción de distancia; en tales experimentos, repetidos un centenar de veces, siempre encontramos que los espacios recorridos son unos respecto de los otros como los cuadrados de los tiempos empleados en recorrerlos, y esto es cierto para todas las inclinaciones de los planos, es decir, del canal por el que rueda la bola.

También observamos que los tiempos empleados en el descenso para varias inclinaciones del plano guardaban precisamente la razón que el autor había predicho y demostrado.

Para la medida del tiempo empleamos un envase grande lleno de agua colocado en una posición elevada. En la base de esta vasija se colocó un tubito de pequeño diámetro que dejaba pasar un chorro muy fino de agua, que era recogido en un vaso pequeño durante el tiempo de cada descenso. Se utilizó para medir el tiempo de descenso completo y para medir el tiempo empleado en el descenso de partes de esa distancia. Luego, el agua así recogida era pesada en una balanza muy precisa después de cada descenso. Las diferencias y las razones de estos pesos nos daban las diferencias y las razones de los tiempos empleados en estos descensos. Se hizo esto con tal precisión que, aunque los experimentos fueron repetidos muchas veces, no se observó discrepancia apreciable en los resultados.

SIMPLICIO— Me habría gustado estar presente durante estos experimentos pero, confiando en el cuidado con que usted los ha realizado y en la fidelidad con que usted los relata, quedo satisfecho y los acepto como válidos y ciertos.

....

SAGREDO— Creo realmente que, de la misma manera que, por ejemplo, los pocos axiomas sentados por Euclides en sus Elementos conducen a teoremas recónditos, así los principios establecidos en este pequeño tratado, cuando sean considerados por mentes especulativas, conducirán a otros resultados más notables y se debe creer que así será teniendo en cuenta la nobleza del tema que es superior en naturaleza a cualquier otro.

SELECCIÓN DE LOS DIÁLOGOS
ACERCA DE DOS NUEVAS CIENCIAS[*] [**]

Primer día
GALILEO GALILEI

SIMPLICIO— Aristóteles, si mal no recuerdo, se rebela contra ciertos (filósofos) antiguos que creían que el vacío era necesario para el movimiento y decían que no podía efectuarse éste sin aquél. En contraposición con esto, Aristóteles demuestra que, por el contrario, la realización del movimiento destruye la afirmación del vacío. Su procedimiento es el siguiente: hace dos suposiciones, la primera trata de dos cuerpos de distinto peso que se mueven en idéntico medio, la segunda trata de un mismo cuerpo que se mueve en distintos medios. En cuanto a la primera, supone que los cuerpos de distinto peso se mueven en un medio idéntico con diferentes velocidades y que éstas mantienen entre sí la misma proporción que sus respectivos pesos; de modo que un cuerpo, por ejemplo, diez veces más pesado que otro se moverá con velocidad diez veces mayor. En la segunda suposición dice que las velocidades de un mismo cuerpo, al moverse en diferentes medios, son inversamente proporcionales a las densidades de tales medios; de modo que si la densidad del agua, por ejemplo, fuese diez veces mayor que la del aire, pretende que la velocidad en el aire debe ser diez veces mayor que la velocidad en el agua. De este segundo supuesto deduce él su demostración en esta forma: la densidad de cualquier medio lleno supera en grado infinito a la densidad del vacío, por tanto, todo móvil que en el medio lleno recorra cualquier espacio durante cualquier tiempo, en el vacío tendría que moverse instantáneamente, pero un movimiento instantáneo es imposible y, por tanto, es también imposible que se produzca un vacío en virtud del movimiento.

SALVIATI— Como se ve, el argumento es *ad hominem*[1], es decir, está dirigido contra los que admitían que el vacío era necesario para el movi-

---

* Selección y adaptación de la traducción de "Dos Nuevas Ciencias", de Galileo Galilei.

** Versión revisada y actualizada extraída de *Selección de Textos de Ciencias Físicas;* Editorial de la Universidad de Puerto Rico, 14 ed., 2003.

[1] Argumento *ad hominem* es el que se funda en principios admitidos por el adversario y utilizados por nosotros para refutarlo, prescindiendo de su verdad. (N. del T.)

miento. Ahora bien, si yo admitiese que el argumento es concluyente, y concedo a la vez que el movimiento no puede efectuarse en el vacío, no estaría invalidando la suposición de la existencia del vacío, si lo considero absolutamente y no en relación al movimiento. Pero para decirte lo que tal vez hubieran podido responder los antiguos, y para que entiendas mejor lo poco concluyente que es la demostración de Aristóteles, podríamos, en mi opinión, negar sus dos supuestos. En cuanto al primero, dudo mucho que Aristóteles haya hecho algún experimento para demostrar si es cierto que si se dejan caer dos piedras simultáneamente, una diez veces más pesada que la otra, desde la misma altura, supongamos de cien codos, adquiriesen velocidades tan distintas que cuando la más pesada hubiera llegado a la Tierra, la otra hubiera descendido diez codos solamente.

SIMPLICIO— Sus palabras dan a entender que ha hecho el experimento, porque dice: "veremos que el más pesado"; ahora bien, ese "verse" implica la realización del experimento.

SAGREDO— Sin embargo, Simplicio, yo, que he hecho la prueba, te aseguro que una bala de cañón que pese cien, doscientas libras o aún más, no se anticipará, ni siquiera en un palmo, en llegar a tierra, a una bala de mosquete que pese media libra, siempre y cuando que las dos se dejen caer de una altura de doscientos codos.

SALVIATI— Pero aún sin experimento alguno, con sólo un breve y concluyente argumento, podríamos probar claramente que no es verdad que un cuerpo más pesado se mueva con más velocidad que otro menos pesado, siempre que los cuerpos sean de la misma materia, como los que Aristóteles menciona. Pero dime, Simplicio, si tú admites que cada cuerpo pesado adquiere una velocidad definida asignada por la naturaleza, de tal modo que no se pueda aumentar o disminuir a menos que no se haga uso de una fuerza o de una resistencia.

SIMPLICIO— No cabe duda de que uno y el mismo cuerpo que se mueve en un solo medio tiene establecida por naturaleza una velocidad definida que no se puede acrecentar sino confiriéndole nuevo impulso, ni disminuir sino con algún impedimento que la retarde.

SALVIATI— Por consiguiente, si tuviésemos dos cuerpos cuyas velocidades naturales fueran diferentes, sería de esperar que, al unir el más lento con el más veloz, éste sería en parte retardado por el más lento, y el más lento en parte acelerado por el más veloz. ¿Estás de acuerdo conmigo?

SIMPLICIO— Creo indudablemente que así debe suceder.

SALVIATI— Pero si esto es así, y es también verdad que una piedra grande se mueve, supongamos, con ocho grados de velocidad, y una menor con cuatro, al unir las dos el sistema compuesto tendrá que moverse con una velocidad menor de ocho grados. Ahora bien, las dos piedras unidas hacen una piedra mayor que la primera, que se movía con ocho grados de velocidad. Sin embargo, este sistema compuesto se moverá más lentamente que la primera piedra sola, lo que está contra tu suposición.

Ya ves cómo, de este supuesto "que el móvil más pesado se mueve más velozmente que el menos pesado", yo infiero que el más pesado se mueve más lentamente.

SIMPLICIO— Me hallo desconcertado, porque, a mi parecer, la piedra menor unida a la mayor le añade peso, y añadiéndole peso, no veo cómo no ha de añadirle velocidad, o al menos no disminuírsela.

SALVIATI— Aquí cometes otro error, Simplicio, porque no es verdad que la piedra pequeña aumente el peso de la mayor.

SIMPLICIO— ¡Oh! Esto sobrepasa mi comprensión.

SALVIATI— No la sobrepasará, sin embargo, una vez que yo te haya hecho ver el error en tu razonamiento. Advierte que es necesario distinguir entre los cuerpos pesados puestos en movimiento y los mismos en reposo. Una gran piedra puesta en la balanza no sólo adquiere mayor peso al superponerle otra piedra, sino que hasta el añadirle un copo de estopa la hará aumentar de peso las seis o diez onzas que pese la estopa. Si tú dejaras caer libremente desde lo alto la piedra envuelta en la estopa, ¿crees tú que durante la caída la estopa habrá de empujar la piedra acelerando su movimiento, o crees más bien que lo retardará, sosteniéndola en parte? Sentimos peso sobre nuestras espaldas mientras pretendemos oponernos a la caída que realizaría el cuerpo pesado que llevamos encima, pero si nosotros descendiésemos con la misma velocidad con que descendería naturalmente ese peso, ¿cómo quieres que pese y gravite sobre nosotros? ¿No ves que esto sería igual que pretender herir con la lanza a uno que corre delante de ti con igual o mayor velocidad que la que llevas tú al perseguirlo? Debes, pues, concluir que en la caída libre y natural la piedra menor no empuja a la mayor y, en consecuencia, no le añade peso, como hace en el reposo.

SIMPLICIO— ¿Y si colocamos la mayor sobre la menor?

SALVIATI— La haría aumentar de peso, si el movimiento de la mayor fuera más veloz. Pero ya hemos quedado en que si la menor fuese más lenta, retardaría en parte la velocidad de la mayor, de modo que el conjunto vendría a ser menos veloz, aun siendo mayor que la piedra más grande, lo que va contra tu hipótesis. De esto se infiere que tanto los cuerpos grandes como los pequeños se mueven con igual velocidad, siempre que tengan el mismo peso específico.

SIMPLICIO— Tu raciocinio se desarrolla admirablemente bien. Sin embargo, se me hace difícil creer que un perdigón de plomo y una bala de cañón se hayan de mover con la misma velocidad.

SALVIATI—Mejor dirías, un grano de arena y una muela de molino. No me gustaría que tú, Simplicio, haciendo como suelen hacer muchos, desviaras el hilo del raciocinio de su principal intento y te aprovechases de alguna palabrita mía que faltase a la verdad en el grueso de un cabello, y que bajo este cabello quisieras esconder errores de otro, tan grandes como maroma de navío. Aristóteles dice: "Una bola de hierro de cien libras, al caer de una altura de cien codos, llega a tierra antes que otra de una libra haya descendido un solo codo". Yo digo que llegan al mismo tiempo. Al hacer el experimento, tú te encuentras con que la mayor se anticipa en dos dedos a la menor, es decir, que cuando la grande toca tierra, está la otra a dos dedos de distancia. Ahora, no querrás esconder bajo estos dos dedos los noventa y nueve codos de Aristóteles y, hablando de mi error mínimo, pasar en silencio su error tan enorme. Aristóteles declara que los cuerpos que tienen pesos diferentes cuando caen a través del mismo medio se mueven con velocidades proporcionales a sus respectivos pesos. Esto lo ilustra con cuerpos en los que se pueda notar el puro y neto efecto de la gravedad, eliminando toda otra consideración como, por ejemplo, su forma, por estimarla de poca importancia. La influencia que estos factores puedan ejercer depende grandemente del medio, y es solamente el medio el que modifica el efecto de la gravedad. Por ejemplo, observamos que el oro, la más densa de todas las substancias, flota en el aire después de haber sido martillado y convertido en láminas bien delgadas, lo mismo ocurre con las piedras cuando se han reducido a finísimo polvo. Pero si tú quieres defender esta proposición como universal deberás demostrar que la proporción de las velocidades se mantiene idéntica en todos los cuerpos pesados y que una piedra de veinte libras se mueve diez veces más velozmente que una de dos; sin embargo, puedo asegurarte que esto último es falso, y que si cayesen de una altura de cincuenta o cien codos llegarían a la Tierra en el mismo instante.

SIMPLICIO— Quizás tratándose de extraordinarias alturas de millares de codos sucedería lo que no vemos suceder en estas alturas más pequeñas.

SALVIATI— De haber creído esto Aristóteles, le echarías otro error que sería una falsedad; porque, como no existen en la Tierra tales alturas perpendiculares, es evidente que Aristóteles no pudo verificar el experimento y, sin embargo, intenta persuadirnos de que lo hizo, al decir que tal efecto se "ve".

SIMPLICIO— En realidad, Aristóteles no se vale de este principio, sino del otro que me parece no trae tales dificultades.

SALVIATI– Tan falso es un principio como el otro; y me sorprende que no descubras por ti mismo la falacia y no repares en que, si fuera verdad que el mismo cuerpo, cuando cae a través de medios que tienen densidades y resistencias diferentes, como lo son el aire y el agua, se moviese en el aire con mayor velocidad que en el agua, se deduciría que todo cuerpo que cayese por el aire descendería también por el agua. Pero esta conclusión es falsa, puesto que muchísimos de los cuerpos que descienden en el aire no lo hacen en el agua, sino que suben a la superficie.

SIMPLICIO– Yo no comprendo la necesidad de tu inferencia y, además, Aristóteles habla solamente de aquellos cuerpos que descienden en uno y otro medio, y no de los que descienden en el aire y suben a flor de agua.

SALVIATI– Tú alegas en pro del filósofo unos argumentos que él rechazaría de plano para no agravar el primer error. Pero dime si la densidad del agua, o lo que retarda el movimiento, guarda una razón determinada con la densidad del aire, que lo retarda menos. De guardarla, asígnala a tu voluntad.

SIMPLICIO– La razón existe, y supongamos que sea de diez a uno. Por tanto, la velocidad de un cuerpo que descienda en ambos medios será diez veces más lenta en el agua que en el aire.

SALVIATI– Cojo en seguida uno de esos graves que caen en el aire, pero que no caen en el agua, por ejemplo, una bola de madera, y te ruego que le asignes la velocidad que más te guste, mientras desciende por el aire.

SIMPLICIO– Supongamos que se mueve con veinte grados de velocidad.

SALVIATI– Muy bien. No hay duda de que esta velocidad, con respecto a la velocidad en agua, guardará la misma razón que guarda la densidad del agua con la del aire; entonces esta menor velocidad será de sólo dos grados. Por consiguiente, conforme a la suposición de Aristóteles, deberíamos concluir que la bola de madera que desciende en el aire (que es diez veces menos resistente que el agua) con veinte grados de velocidad, en el agua debería descender con dos y no venir desde el fondo a la superficie, como lo hace, a no ser que quieras decir que el subir a flor de agua, cuando se trata de madera, es lo mismo que bajar al fondo con dos grados de velocidad; lo que no creo has intentado decir. Pero ya que la bola de madera no va al fondo, espero me concederás que podríamos encontrar otra bola que no sea de madera y que descienda en el agua con dos grados de velocidad.

SIMPLICIO– Sin duda se podría, pero tendría que ser de una materia mucho más pesada que la madera.

SALVIATI— Esto es lo que voy buscando. Pero esta segunda bola, que en el agua desciende con dos grados de velocidad, ¿con qué velocidad descenderá en el aire? Os veréis obligados a responder (de acuerdo a la norma de Aristóteles) que se moverá con veinte grados; pero veinte grados de velocidad le has asignado tú mismo a la bola de madera. Luego ésta y la otra mucho más pesada se moverán en el aire con igual velocidad. Ahora bien, ¿cómo concilia el filósofo esta conclusión con aquella otra de que los cuerpos de diferente peso se mueven en el mismo medio con distintas velocidades, las cuales son proporcionales a sus pesos respectivos? Pero sin meternos en consideraciones más profundas, ¿cómo es posible que no hayas observado hechos tan frecuentes y palpables? ¿No has observado que dos cuerpos que caen en el agua, uno de ellos con una velocidad cien veces mayor que la del otro, al caer en el aire llevan velocidades tan semejantes que el uno no se adelanta al otro ni por la centésima parte de la distancia total recorrida? Así, por ejemplo, un huevo de mármol desciende en el agua cien veces más rápidamente que un huevo de gallina, mientras que cuando descienden por el aire desde una altura de veinte codos, no se adelanta el uno al otro ni por cuatro dedos. En resumen, un cuerpo pesado que tarda tres horas en caer a través de diez codos de agua, recorrerá esta distancia en uno o dos segundos por el aire; si el cuerpo fuera una bola de plomo, atravesaría los diez codos de agua en menos del doble del tiempo que tardaría en recorrer diez codos de aire. A esto estoy seguro, Simplicio, no tendrás objeción ni respuesta. Concluyamos, por consiguiente, que el argumento no presenta prueba que destruya la posibilidad de la existencia del vacío. Pero si acaso presentase alguna prueba eliminaría solamente aquellos espacios vacíos de tamaño considerable, los cuales ni yo supongo, ni en mi opinión supusieron los antiguos, existen en la naturaleza, aunque pudieran tal vez producirse por fuerza, según parece desprenderse de varios experimentos que resultaría muy largo describir aquí.

SAGREDO— Como veo que Simplicio se calla, aprovecharé la ocasión para decir algo. Ya que tan claramente has demostrado que no es verdad que los cuerpos de diferente peso se mueven en el mismo medio con velocidades proporcionadas a sus respectivos pesos, sino que todos se mueven con la misma rapidez, entendiéndose, desde luego, que se ha de tratar de cuerpos de la misma materia o, al menos, del mismo peso específico, porque no creo que intentes convencernos de que una bola de corcho se mueve con la misma velocidad que una de plomo; y habiendo, además, demostrado, muy claramente, que no es cierto que el mismo cuerpo, al caer en medios que ofrezcan distinta resistencia, lo haga con una velocidad o lentitud proporcional a las resistencias, me resultaría gratísimo oír cuáles son las proporciones observadas en uno y otro caso.

SALVIATI—Estos problemas son interesantes y muchas veces he meditado sobre ellos. Te explicaré el razonamiento que he hecho al respecto y los resultados a que he llegado. Después de haberme cerciorado de que no es verdad que un mismo cuerpo que se mueve en medios de diversa resistencia guarde en su velocidad la proporción de las densidades de esos medios ni que, en el mismo medio, cuerpos de distinto peso retengan en sus respectivas velocidades la proporción de esos pesos (entendiéndose que esto se refiere también a aquellos cuerpos que solamente difieren en peso específico), comencé a correlacionar estos dos hechos y a considerar qué sucedería si cuerpos de diferente peso cayesen en medios de diversas resistencias. Advertí que la diversidad de las velocidades es todavía mayor en los medios más resistentes que en los más fluidos. Esta diferencia era tal que de dos cuerpos que al descender por el aire diferían muy poco en velocidad, en el agua se movería el uno con una velocidad diez veces mayor que la del otro. Aún más, hay cuerpos que descienden rápidamente en el aire, mientras que en el agua no sólo no descienden, sino que permanecen privados de movimiento y, lo que es todavía más, que suben a la superficie; es decir, podemos hallar alguna clase de madera, como algún nudo o raíz, que se mantiene en reposo en el agua y que desciende velozmente en el aire.

....

SALVIATI—Hemos visto que la diferencia de rapidez en los cuerpos que tienen diferentes pesos es muchísimo mayor en los medios más y más resistentes; por ejemplo, en un medio de mercurio, el oro no sólo se va al fondo con más rapidez que el plomo, sino que es la única substancia que desciende, mientras que todos los otros metales y piedras salen a la superficie y flotan. Sin embargo, al caer por el aire, la diferencia en la rapidez entre bolas de oro, de plomo, de cobre y de otras materias de gran peso específico será casi imperceptible, pues seguramente que una bola de plomo, al final de un descenso de cien codos, no se habrá adelantado ni siquiera cuatro dedos a otra de cobre. Después de haber observado esto, llegué a la conclusión de que, si se suprimiese totalmente la resistencia del medio de todas las materias, descenderían con la misma rapidez.

SIMPLICIO—Seria afirmación es ésta, Salviati. Sin embargo, yo nunca creeré que aun en un vacío, si por ventura en él fuera posible el movimiento, un trozo de plomo y un copo de lana puedan caer con la misma velocidad.

SALVIATI—Poco a poco, Simplicio. No es tan grave tu dificultad, ni soy tan poco previsor como para hacerte creer que no haya considerado este caso y que no le haya encontrado una solución adecuada. Mas para justificarme y para que lo comprendas, oye mi razonamiento. Nos proponemos investigar qué le sucedería a los cuerpos que tienen gran diferencia de peso si cayeran en un medio cuya resistencia fuese nula, de modo que toda la diferencia en la rapidez de esos cuerpos hubiera que atribuirla a la desigualdad entre sus pesos. Y aunque es verdad que sólo un espacio del todo vacío de aire y de cualquier otro cuerpo sería apto para mostrar a nuestros sentidos lo que buscamos, ya que carecemos de un tal espacio, iremos observando lo que sucede en los medios más sutiles y menos resistentes en comparación con lo que vemos suceder en los otros menos sutiles y más resistentes. Porque si nos encontramos con el hecho de que los cuerpos de diferente peso específico difieren cada vez menos en rapidez, a medida que se hallan en medios cada vez más penetrables, y finalmente encontramos que a pesar de haber extraordinarias diferencias en peso específico, en el medio más tenue de todos, si bien no vacío, la diferencia de rapidez es insignificante y casi imperceptible, paréceme que podremos conjeturar con mucha probabilidad que en el vacío todos los cuerpos caerían con la misma rapidez. Por tanto, consideremos lo que sucede en el aire con una vejiga inflada, ya que ésta ofrece una forma definida y es de material muy liviano. El aire que contiene la vejiga pesará muy poco o nada cuando se encuentra en un medio del mismo aire, porque se comprimirá poco. Por tanto, su peso quedará reducido al insignificante peso de la membrana, que no equivaldrá ni a la milésima parte del peso de un trozo de plomo de igual tamaño que la vejiga inflada. Si dejamos caer estos dos cuerpos desde una altura de cuatro o seis codos, ¿qué distancia te parece, Simplicio, se adelantaría el plomo a la vejiga? Ten la seguridad de que el plomo no sería ni tres veces, ni aun dos veces, más veloz que la vejiga, aun cuando tú lo supondrías mil veces más veloz.

SIMPLICIO—Podría ser que en el principio del movimiento, o sea, en los cuatro o seis primeros codos sucediese tal como dices; pero en el transcurso de un largo trayecto creo que el plomo la dejaría atrás, no sólo por seis de las doce partes de la distancia, sino quizás por ocho o aun diez.

SALVIATI—También yo creo lo mismo, y no dudo que en distancias muy grandes el plomo podría haber recorrido cien millas de espacio mientras la vejiga recorría una sola. Pero, mi buen Simplicio, esto que tú aduces como hecho en oposición a mi tesis, es lo que con más fuerza la confirma. Déjame explicar una vez más que la diferencia en la rapidez de los cuerpos de distinto peso específico no depende de esta diferencia en peso específico, sino que depende de accidentes exteriores y, en particular, de la resistencia del medio, de modo que si se elimina ésta todos los cuerpos caerían con la misma rapidez. Esto lo deduzco principalmente de lo que tú mismo acabas de admitir y que es muy cierto: que la rapidez de los cuerpos que difieren en peso específico va difiriendo más y más a medida que aumentan los espacios que ellos atraviesan. Tal hecho no ocurriría si la diferencia en la velocidad dependiese de la diferencia en pesos específicos. Porque siendo estos pesos específicos siempre los mismos, la razón entre los espacios recorridos se debería mantener constante mientras que, por el contrario, es un hecho que la razón va creciendo a medida que el movimiento continúa. Así, un cuerpo pesadísimo no se anticipará a otro muy liviano, ni siquiera en una décima parte, si desciende una distancia de un codo; pero en una caída de doce codos se le adelantará en una tercera parte, y en una de cien le llevará una antelación de 90/100, etc.

SIMPLICIO—Todo está bien pero, siguiendo tu argumento, si la diferencia en peso en los cuerpos de distinto peso específico no puede ocasionar cambio alguno en la de sus respectivas velocidades, debido a que sus pesos específicos no cambian, tampoco el medio, que suponemos que sea siempre el mismo, podrá ocasionar alteración alguna en la razón de estas velocidades.

SALVIATI—Aguda es tu objeción, y es necesario resolverla. Comienzo por decir que un cuerpo pesado tiene una tendencia natural para moverse con un movimiento constante y uniformemente acelerado hacia el centro común de gravedad, o sea, hacia el centro de nuestro globo terrestre, de suerte que adquiere adiciones iguales de momentos y de velocidad en intervalos iguales de tiempo. Esto sucedería, entiéndase bien, siempre que fuesen eliminados todos los obstáculos accidentales y externos. Pero hay uno que nosotros no podemos eliminar, a saber, el medio, que ha de ser penetrado y desplazado hacia los lados por el cuerpo que cae. El medio, aunque fluido, penetrable y quieto, se opone a cualquier movimiento a través de él, con una resistencia proporcional a la rapidez con que tiene que abrirse para dar paso al cuerpo que cae. Como he dicho, el cuerpo cae por naturaleza con un movimiento continuamente acelerado y va, por consiguiente, encontrando continuamente mayor resistencia en el medio. Por ello sufre una disminución en la adquisición de nuevos grados de rapidez hasta que, finalmente, la rapidez llega a tal punto y la resistencia del medio aumenta a tal magnitud que, equilibrándose entre sí, impiden que continúe la aceleración y reducen el movimiento del cuerpo a un movimiento uniforme, cuyo valor se mantendrá constante de ahí en adelante. Por tanto, hay un acrecentamiento en la resistencia del medio, no porque cambie su esencia, sino porque se altera la rapidez con que él debe abrirse y desplazarse hacia los lados para ceder paso al cuerpo en caída, que va acelerándose continuamente. Al ver ahora cuán enorme es la resistencia del aire al leve "momento" de la vejiga y cuán pequeña es la que le ofrece el gran peso del plomo, debo tener por seguro que, si desapareciese el aire del todo, la ventaja ofrecida a la vejiga sería tan grande y al plomo tan pequeña, que la rapidez respectiva se igualaría. Partiendo, pues, del principio de que en un medio donde, por razón del vacío o por otra causa cualquiera, no existiese resistencia que obstaculizara la rapidez del movimiento, la rapidez de todos los cuerpos que caen serían iguales, podríamos muy bien establecer las proporciones entre la rapidez de cuerpos semejantes y cuerpos diferentes cuando caen en el mismo medio o en diversos medios llenos y, por tanto, resistentes. Y esto lo conseguiremos con sólo fijarnos en cuánto peso resta el medio al peso del cuerpo. El peso del cuerpo es el único instrumento con que éste se abre camino rechazando las partes del medio hacia los lados. Esta operación no ocurriría en un medio vacío en donde, por tanto, no hemos de esperar ninguna diferencia de rapidez debida a los diversos pesos específicos. Por ser manifiesto que el medio resta al peso del cuerpo contenido en él un peso igual al de su propia materia desplazada, habremos conseguido nuestro intento si

hacemos mermar en esa misma proporción la rapidez de los cuerpos, que
serían iguales en un medio no resistente. Así, por ejemplo, supongamos
que el plomo sea diez mil veces más pesado que el aire, y el ébano solamente mil veces más pesado. De la rapidez de cada una de estas dos substancias, que serían iguales tomadas absolutamente, el aire le quita al plomo uno de los diez mil grados de rapidez, pero al ébano le resta de mil
grados de rapidez también uno, o sea, que, de diez mil grados de rapidez,
le restaría diez. Por consiguiente, si el plomo y el ébano descendieran
desde la misma altura, cualquiera que ésta sea, eliminada la resistencia del
aire, deberían recorrerla en igual tiempo; pero si ambos cayesen a través
del aire, el aire le quitará a la rapidez del plomo uno de los diez mil grados
de rapidez; pero al ébano le quitaría diez de los diez mil. En otras palabras, si la altura desde donde caen esos cuerpos se dividiera en diez mil
partes, el plomo llegaría a tierra dejando atrás al ébano sólo diez, o acaso
nueve, de las diez mil partes. ¿Y qué otra cosa es esto, sino decir que si se
dejara caer una bola de plomo desde una torre de doscientos codos, ésta
se anticiparía a una de ébano en menos de cuatro dedos?

El ébano pesa mil veces más que el aire, pero la vejiga inflada pesa
solamente cuatro veces más; por tanto, el aire le resta a la rapidez intrínseca y natural del ébano uno de los mil grados pero a la rapidez de la vejiga,
que, tomada absolutamente, sería idéntica a la del ébano, el aire le resta de
cuatro grados uno. En consecuencia, cuando la bola de ébano que cae de
la torre llega a tierra, la vejiga habrá recorrido sólo tres cuartas partes de
esa distancia.

El plomo es doce veces más pesado que el agua y el marfil solamente
pesa el doble que el agua. Por consiguiente, a su rapidez absoluta respectiva, que sería igual, el agua le resta al plomo la duodécima parte y al
marfil le resta la mitad. Luego, cuando el plomo haya descendido en el
agua once codos, el marfil habrá bajado solamente seis codos. De acuerdo
con este principio, encontraremos que las experiencias, a mi parecer, se
ajustan mucho mejor a este cómputo que al de Aristóteles.

Por medio de un procedimiento semejante encontraremos la razón entre la rapidez del mismo cuerpo en diferentes medios fluidos, pero no
comparando las diversas resistencias de los medios, sino considerando en
cuánto excede el peso específico del cuerpo al peso específico de cada
medio. Por ejemplo, el estaño es mil veces más pesado que el aire y sólo
diez veces más pesado que el agua; luego si dividimos la rapidez absoluta
del estaño en mil grados, en el aire, que le resta la milésima parte, se
moverá con novecientos noventa y nueve grados de rapidez y en el agua,
con novecientos solamente, admitiendo así que el agua le resta la décima
parte de su peso, mientras que el aire le resta sólo la milésima parte.

Tomemos un sólido un poco más pesado que el agua, como la madera
del roble, y supongamos que una bola del mismo pese, digamos, mil
dracmas[2]; supongamos también que un volumen igual de agua pesase

---

[2] Dracma: peso usado antiguamente en Farmacia, que corresponde a 1/8 de onza.

novecientos cincuenta dracmas y que un volumen igual de aire pesara dos; es evidente que de ser la rapidez absoluta de la bola de roble de mil grados, en el aire quedaría reducida a novecientos noventa y ocho, y en el agua se reduciría a cincuenta solamente; adviértase entonces que de mil grados de peso el agua le resta novecientos cincuenta, dejándole sólo cincuenta. Tal sólido, en efecto, se movería casi veinte veces más rápidamente en el aire que en el agua, ya que su peso específico excede al del agua en la vigésima parte del suyo propio. Aquí debemos considerar el hecho de que sólo aquellas substancias que tengan un peso específico mayor que el del agua pueden hundirse en ella; luego estas substancias tienen que ser cientos de veces más pesadas que el aire. Por tanto, para establecer cuál es la razón entre la rapidez de la substancia en el aire y la rapidez en el agua, podríamos, sin incurrir en un error apreciable, hacernos de cuenta que el aire no resta gran cosa al peso absoluto y, en consecuencia, tampoco resta mucho a la rapidez absoluta de las substancias. Así pues, una vez hallado cuánto excede el peso de una substancia al peso del agua, diremos que la rapidez de esta substancia al caer a través del aire guarda, con respecto a su propia rapidez a través del agua, la misma razón que guarda su peso total con relación al exceso de éste sobre el peso de un volumen igual de agua. Por ejemplo, una bola de marfil pesa veinte onzas, *un volumen igual* de agua pesa diecisiete; luego la rapidez del marfil en el aire es a su rapidez en el agua, como veinte es a tres, aproximadamente.

RENÉ DESCARTES[*]
LAS CAUSAS DEL MOVIMIENTO[**]

36. *Dios es la causa primera del movimiento, y conserva siempre la misma cantidad de movimiento en el Universo.*

Habiendo examinado la naturaleza del movimiento, debemos considerar seguidamente su causa, y ésta en dos sentidos: primero, la causa universal y primera, que es la causa general de todos los movimientos que tienen lugar en el mundo y segundo, la causa particular por la cual partes individuales de materia adquieren un movimiento que no poseían previamente. Y respecto a la causa general me parece evidente que no puede ser otra que Dios mismo. Quien creó la materia junto con el movimiento y el reposo en el principio, y ahora, sólo mediante su asistencia ordinaria, conserva tanto movimiento y reposo, cuanto puso en el todo en un principio. Porque aunque el movimiento, en cuanto a la materia que se mueve, no es sino un modo, posee ya una cierta y determinada cantidad que fácilmente podemos entender es siempre la misma en el universo entero, aunque varíe notablemente en sus partes individuales. Así podemos sostener que cuando una cantidad de materia se mueve con doble rapidez que otra, y ésta es dos veces mayor que la primera, hay tanto movimiento en la mayor como en la menor; y que, aunque el movimiento de una de las partes se haga más lento, el movimiento de alguna otra parte igual se hace más rápido en la misma cantidad. Por otra parte comprendemos que esto es una perfección de Dios, no sólo en el sentido de que Él es inmutable en sí mismo, sino también en el sentido de que opera de una manera sumamente constante e inmutable, de suerte que por encima de los cambios que la experiencia o la revelación divina confirmen, y que conozcamos o supongamos tienen lugar sin ningún cambio en el Creador, no debemos suponer ningún otro en sus obras, para que éstos no constituyan en Él una inconsistencia. De aquí se sigue que está más de acuerdo con la razón sostener que Dios movió las porciones de materia de distintas maneras cuando las creó y que ahora conserva toda esta materia de la

---

[*] *Principia Philosophiae.* Parte II, art XXXVI-XLII. (*Oeuvres de Descartes*, ed. C. Adam y P. Tannery, vol. VIII (París, 1905), parte I.

[**] Versión revisada y actualizada extraída de *Selección de Textos de Ciencias Físicas;* Editorial de la Universidad de Puerto Rico, 14 ed., 2003.

misma manera y por las mismas razones por las que en un principio la creó y también que conserva siempre en ella exactamente la misma cantidad de movimiento.

37. *La primera ley de la naturaleza: Que cada cosa, "per se", perdura siempre en el mismo estado, de forma que lo que comenzó moviéndose continúa moviéndose siempre.*

Y de la misma inmutabilidad de Dios podemos conocer ciertas reglas o leyes de la naturaleza, que son causas particulares y segundas de los diversos movimientos que observamos en los cuerpos individuales. Entre éstas, la primera es que cada cosa, en tanto en cuanto es simple e indivisa, permanece, *per se*, en el mismo estado siempre, y nunca cambia a no ser por una causa externa. Así, si un trozo de materia es cuadrado, podemos asegurar fácilmente por nosotros mismos que permanecerá cuadrado para siempre a menos que suceda algo en alguna otra parte que cambie su forma. Si está en reposo no creemos que comience a moverse nunca, a menos que sea impelido por alguna causa. Ni, si se está moviendo, tenemos razón alguna para pensar que jamás cesará su movimiento, si nada se lo impide. Y concluimos, por tanto, que lo que se mueve, en cuanto de él depende, siempre se mueve. Pero he aquí que vivimos en la redondez de la Tierra, cuya constitución es tal que cualquier movimiento que tenga lugar en su vecindad llega pronto a su fin y, con frecuencia, por causas ocultas a nuestros sentidos y desde temprana edad, hemos juzgado que tales movimientos, que son detenidos por causas desconocidas para nosotros, han cesado espontáneamente. Y ahora nos sentimos inclinados a formar opinión sobre todos los casos a partir de lo que nos parece probado por la experiencia en muchos, y así pensamos que el movimiento, por su propia naturaleza, cesa o tiende al reposo. Esta conclusión se opone efectivamente en gran manera a las leyes de la naturaleza porque el reposo es lo contrario del movimiento, y nada, por su propia naturaleza, puede tender hacia su contrario o hacia su propia destrucción.

38. *El movimiento de proyectiles.*

Y en verdad que la experiencia de cada día con proyectiles confirma plenamente nuestra regla, porque no hay otra razón por la que los proyectiles persistan por un rato en movimiento, una vez que han abandonado la mano, sino que lo que una vez comienza a moverse, continúa moviéndose, hasta ser retardado por otros cuerpos en el trayecto. Y es evidente que, de ordinario, los proyectiles son retardados gradualmente por el aire, o por cualesquiera otros cuerpos fluidos en cuyo seno se muevan, y por esta razón sus movimientos no pueden perdurar largo tiempo. Porque el aire ofrece resistencia a los movimientos de otros cuerpos, como podemos experimentar mediante el sentido del tacto si agitamos el aire con un abanico, y también lo confirma el vuelo de los pájaros. Y no hay otro fluido, al menos más evidente que el aire, que resista al movimiento de los proyectiles.

39. *La segunda ley de la naturaleza: que todo movimiento es, de por sí, rectilíneo, y así las cosas que se mueven en un círculo tienden siempre a alejarse del centro del círculo que describen.*

La segunda ley de la naturaleza es que cada porción de materia considerada en sí misma tiende a continuar moviéndose, no a lo largo de una línea oblicua, sino a lo largo de una recta, aunque muchas partes se ven forzadas a cambiar su curso debido a los impactos con otras y, como dijimos un poco antes[1], en cada movimiento, en cierto modo, se describe un círculo por toda la materia que se mueve en conjunto. La causa de esta regla es la misma que la precedente, es decir, la inmutabilidad y simplicidad de la operación por la que Dios conserva el movimiento en la materia. Porque Él conserva el movimiento precisamente como éste es en el momento en que Él lo conserva, sin considerar lo que haya podido ser un poco antes. Y aunque ningún movimiento tiene lugar en un instante, sin embargo, hasta aquí es evidente que lo que se mueve, en un instante preciso durante el movimiento, está determinado a la continuación de su movimiento a lo largo de una línea recta y nunca a lo largo de una línea curva.

Por ejemplo, la piedra A gira mediante la honda EA a lo largo del círculo ABF; en el instante en que se encuentra en el punto A está circunscrita a moverse rectilíneamente hacia C, de forma que la línea AC sea tangente al círculo. Y no puede suponerse que esté limitada a un movimiento curvilíneo porque, aunque previamente venga de L hacia A por una línea curva, nada de esta curvatura se puede entender que permanezca en ella cuando está en el punto A. Y esto lo confirma la experiencia porque, si en ese momento abandona la honda, no se sigue moviendo hacia B, sino hacia C. De aquí se sigue que todo cuerpo que se mueve en un círculo tiende continuamente a apartarse del centro del círculo que describe, como notamos mediante nuestros mismos sentidos, por el tirón que da sobre la mano cuando hacemos girar la piedra con la honda. Y como haremos uso frecuente de esta consideración en lo que sigue, será cuidadosamente anotada y, además, explicada más adelante.[2]

40. *La tercera ley: que un cuerpo golpeando a un segundo cuerpo que es más fuerte, no pierde nada de su movimiento; golpeando a un segundo cuerpo que es menos fuerte, pierde tanto cuanto comunica al segundo.*

La tercera ley de la naturaleza es ésta: cuando un cuerpo que se mueve choca con otro, si tiene menos fuerza para continuar en línea recta que éste que se le opone, es desviado entonces en otra dirección y, conservando su movimiento, pierde solamente la determinación de su movimiento;

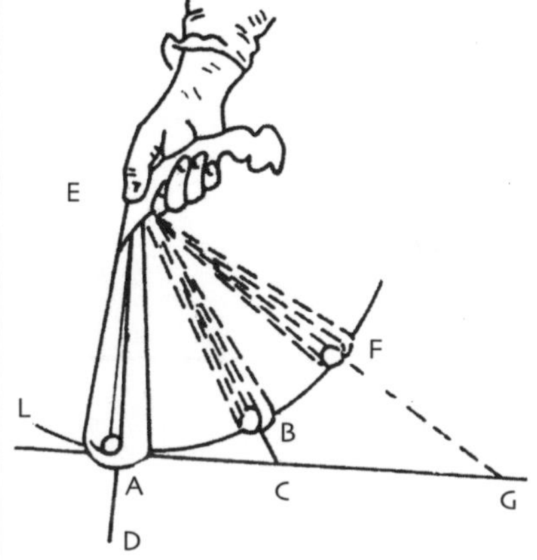

Fig. 3

---

[1] Artículo 33. Descartes identifica materia y extensión y niega, por tanto, la existencia de un vacío en el sentido de un lugar en el que no hay nada. En consecuencia, cuando un cuerpo se mueve desplaza a otros cuerpos que, a su vez, desplazan a otros, y el último ocupa el sitio dejado por el primero en el mismo instante en que éste lo abandona.

[2] Parte III, arts. 57-58

si posee una fuerza mayor, mueve entonces al otro cuerpo consigo y le comunica tanto movimiento cuanto él pierde. Así, encontramos experimentalmente que los cuerpos duros, cuando chocan con otro cuerpo duro, no dejan de moverse y son rechazados en dirección contraria; por otra parte, cuando golpean a un cuerpo blando le transmiten fácilmente todo su movimiento y son llevados, por tanto, inmediatamente al reposo; y todas las causas particulares de cambio que afectan a los cuerpos están contenidas en esta tercera ley, al menos aquéllas que pertenecen a los cuerpos mismos porque, si las mentes humanas o angélicas tienen el poder de mover cuerpos y de qué suerte esto sea, no lo vamos a investigar ahora, sino que lo dejaremos para el tratado sobre el hombre.

41. *Prueba de la primera parte de esta ley.*

La primera parte de esta ley se demuestra a partir de la diferencia entre movimiento considerado en sí mismo y su determinación en una cierta dirección, de donde se sigue que la determinación puede cambiar aunque el movimiento permanezca invariable. Porque, como dijimos antes, cada cosa que no es compuesta, sino simple, como lo es el movimiento, siempre persiste en su ser, en tanto en cuanto no sea destruida por una causa externa; y el impacto de un cuerpo duro parece, en verdad, una causa que impide el movimiento del otro cuerpo al que golpea, permaneciendo determinado en la misma dirección. No existe, no obstante, causa alguna por la que el movimiento se aumente o disminuya a sí mismo, porque el movimiento no es contrario al movimiento, de forma que no podría disminuir desde este punto de vista.

42. *Prueba de la segunda parte.*

La otra parte se demuestra por la inmutabilidad de la operación de Dios, conservando continuamente el mundo por la misma acción con que lo creó al principio. Porque, puesto que todas las cosas están llenas de cuerpos y, con todo, el movimiento de cada cuerpo tiende a ser rectilíneo, parece claro que Dios, desde el principio, al crear el mundo, no sólo movió sus diferentes partes en diferentes direcciones, sino que también provocó al mismo tiempo que algunas partes golpeasen a otras y les transfiriesen sus movimientos, de modo que ahora, al conservar al mundo mediante la misma actividad y las mismas leyes con que lo creó, conserva el movimiento, no asignándolo para siempre en las mismas partes de materia, sino pasando de unas partes a otras, según se golpean unas a otras recíprocamente. Y así, incluso el continuo cambio de las cosas creadas pone de manifiesto la inmutabilidad de Dios.

PARTE III

LA SÍNTESIS NEWTONIANA

LOS PRINCIPIOS MATEMÁTICOS DE LA FILOSOFÍA NATURAL* **

Por Isaac Newton (1642-1727)
(Prefacio de Newton a la Primera Edición)

Puesto que los antiguos, según nos lo dice Pappus, consideraban la ciencia de la mecánica como algo de grandísima importancia para la investigación de las cosas naturales, y los modernos...se han propuesto someter los fenómenos de la naturaleza a las leyes de las matemáticas, en este tratado he cultivado las matemáticas en cuanto a la relación que tienen con la filosofía. Los antiguos consideraron la mecánica desde dos puntos de vista: como disciplina racional, que resulta de demostraciones rigurosas, y como disciplina práctica. A la mecánica práctica pertenecen todas las artes manuales, de donde toma su nombre la mecánica... Puesto que las artes manuales se emplean principalmente en el movimiento de los cuerpos,... se ha hecho costumbre darle el nombre de mecánica a su movimiento. En este sentido la mecánica racional vendrá a ser la ciencia que propone y demuestra con exactitud (es decir, deduciendo de axiomas) los movimientos que resultan de fuerzas cualesquiera y las fuerzas necesarias para producir cualquier movimiento. Los antiguos cultivaron aquella parte de la mecánica que se aplica a las cinco potencias que se refieren a las artes manuales. Ellos consideraron la "gravedad" (ya que ésta no es potencia manual) tan sólo cuando dichas potencias afectaban el movimiento de los cuerpos. En cambio, yo considero la filosofía, en vez de considerar las artes, y no escribo acerca de las potencias manuales, sino acerca de las naturales; y considero principalmente las cosas que se relacionan con la gravedad, con la ligereza, con la fuerza de elasticidad, con la resistencia de los fluidos y demás fuerzas por el estilo, ya sean atractivas o impulsivas; y, por tanto, presento esta obra como un estudio de los principios matemáticos de la filosofía porque, según parece, todo el objeto de la filosofía consiste en investigar las fuerzas de la naturaleza, partiendo de los fenómenos

---

*Publicado en 1687. Selección y adaptación de la traducción al inglés hecha por Motte.

** Versión revisada y actualizada extraída de *Selección de Textos de Ciencias Físicas;* Editorial de la Universidad de Puerto Rico, 14 ed., 2003.

de los movimientos y, basándose en esas fuerzas, demostrar luego los demás fenómenos; y a este fin se dirigen las proposiciones generales de los libros primero y segundo. En el tercer libro doy un ejemplo de esto en la explicación del Sistema del Mundo pues, usando las proposiciones demostradas matemáticamente en los libros anteriores y los fenómenos celestes, deduzco las fuerzas de gravedad con que los cuerpos tienden al Sol y a los diversos planetas. Luego, de esas fuerzas, y usando otras proporciones que también son matemáticas, deduzco los movimientos de los planetas, de los cometas, de la Luna y del mar.

Usando este mismo razonamiento y partiendo de principios mecánicos, desearía poder deducir todos los demás fenómenos de la naturaleza, porque hay muchas razones que me inducen a sospechar que acaso todos estos fenómenos dependen de ciertas fuerzas, en virtud de las cuales las partículas de los cuerpos, por causas hasta ahora desconocidas, o bien son mutuamente impelidas unas hacia otras y se juntan para formar figuras regulares, o bien se repelen y se apartan unas de otras. No conociendo esas fuerzas, los filósofos han intentado en vano la investigación de los fenómenos de la naturaleza; mas espero que los principios aquí establecidos arrojen alguna luz sobre este método de filosofar o sobre otro más verdadero.

DEFINICIONES

DEFINICIÓN I

La cantidad de materia es la medida de ésta, procedente del producto de su densidad y de su volumen.

Así, por ejemplo, al poner aire de densidad doble en un espacio doble, la cantidad se cuadruplica; al ponerlo en espacio triple, la cantidad se sextuplica. Debe entenderse lo mismo de la nieve y del polvo fino condensados por compresión o por licuefacción y de todos los cuerpos que se hayan condensado por cualesquiera causas. En este lugar no tengo en cuenta para nada el medio, suponiendo que exista, que penetre libremente los intersticios que quedan entre las partes de los cuerpos. Esta es la cantidad que de ahora en adelante siempre designaré con el nombre de cuerpo o masa. Y la masa se conoce por el peso de cada cuerpo, porque es proporcional al peso, como lo he hallado haciendo experimentos muy cuidadosos.

DEFINICIÓN II

La cantidad de movimiento es la medida del mismo, procedente del producto de la velocidad y de la cantidad de materia.

La cantidad de movimiento del conjunto es la suma de las cantidades de movimiento de todas las partes y, por consiguiente, en un cuerpo de doble cantidad de materia, dotado de igual velocidad, la cantidad de movimiento es el doble; si está dotado de doble velocidad, la cantidad de movimiento es cuádruple.

DEFINICIÓN III

La "vis insita", o fuerza innata de la materia, es la potencia de resistencia, merced a la cual todo cuerpo, en cuanto de él depende, persevera en su estado actual, ya sea que esté en reposo, ya sea que esté en movimiento con movimiento uniforme en dirección rectilínea.

Esta fuerza es siempre proporcional al cuerpo al que pertenece y, salvo en nuestra manera de concebirla, en nada difiere de la inactividad de la masa. Dada la naturaleza inerte de la materia, ningún cuerpo sale fácilmente de su estado de reposo o de movimiento. En vista de esto, esa *vis insita* no puede recibir un nombre más adecuado que el de inercia (*vis inertiae*) o fuerza de inactividad. Pero el cuerpo ejerce esa fuerza solamente cuando otra fuerza impresa en él trata de cambiarlo de condición; y el ejercicio de dicha fuerza puede considerarse a la vez como resistencia y como impulso, es resistencia en cuanto que el cuerpo, para conservar su estado actual, se opone a la fuerza impresa en él, y es impulso en cuanto que el cuerpo, no cediendo fácilmente a la fuerza impresa en él por otro cuerpo, trata de cambiar el estado de éste. Suele atribuirse la resistencia a los cuerpos que están en reposo y el impulso a los que están en movimiento, pero el movimiento y el reposo, tal como de ordinario se entienden, no se distinguen entre sí sino de modo relativo; ni siempre están verdaderamente en reposo los cuerpos que de ordinario se tienen por tales.

DEFINICIÓN IV

Una fuerza impresa es una acción ejercida sobre un cuerpo, con el fin de cambiarle su estado, ya sea de reposo, ya sea de movimiento uniforme en dirección rectilínea.

Consiste dicha fuerza únicamente en la acción y, terminada ésta, no perdura en el cuerpo, puesto que la inercia es la que mantiene cada estado que el cuerpo adquiere. Las fuerzas impresas son de diferentes orígenes: percusión, presión, fuerza centrípeta.

DEFINICIÓN V

Una fuerza centrípeta es aquélla en virtud de la cual los cuerpos son arrastrados o impelidos hacia un punto, o que de cualquier modo tienden hacia él como centro.

De este género son: la gravedad, en virtud de la cual los cuerpos tienden hacia el centro de la Tierra; el magnetismo, en virtud del cual el hierro tiende hacia el imán; y esa fuerza, sea la que fuere, en virtud de la cual los planetas se desvían continuamente de sus movimientos rectilíneos que, de otra suerte, seguirían si no fueran obligados a moverse en órbitas circulares. La piedra que se hace girar al extremo de una honda se empeña en apartarse de la mano que la hace voltear, y por ese empeño estira la honda, y eso con fuerza tanto mayor cuanto con más velocidad se la hace voltear, y en cuanto se la deja libre, se escapa. Doy el nombre de fuerza centrípeta a esa fuerza que se opone a esta tendencia y en virtud de la cual la honda tira la piedra hacia la mano continuamente y la conserva en su órbita, por estar dirigida hacia la mano que actúa como centro de la órbita. Entiéndase lo mismo para todos los cuerpos que giran en órbitas. Todos ellos se empeñan en apartarse del centro de sus órbitas; y, a no ser por la oposición de una fuerza contraria, que las retiene y conserva en sus órbitas, y a la cual doy, por eso, el nombre de fuerza centrípeta, se escaparían en líneas rectas, con movimiento uniforme. A no ser por la fuerza de gravedad, un proyectil no se desviaría hacia la Tierra, sino que se escaparía de ella en línea recta con movimiento uniforme, con tal que se suprimiese la resistencia del aire. Su gravedad es la que lo saca sin cesar de su trayectoria rectilínea y lo hace desviarse hacia la Tierra, más o menos según la fuerza de su gravedad y la velocidad de su movimiento. Cuanto menor fuere su gravedad o la cantidad de su materia, o cuanto mayor fuere la velocidad con que lo lanzaron, tanto menos se desviará de la trayectoria rectilínea y tanto más lejos llegará. Si una bala de plomo, lanzada desde la cumbre de un monte por la fuerza de un arma de fuego, con una velocidad dada y en dirección paralela al horizonte, alcanza, describiendo una línea curva, a cubrir una distancia de dos millas antes de caer al suelo, la misma, si se suprimiese la resistencia del aire, llegaría, con velocidad doble o décuple, dos o diez veces más lejos. Y, al aumentar la velocidad, podemos a nuestro antojo aumentar la distancia a que se lanza la bala y disminuir la curvatura de la línea que podría describir, hasta que al cabo viniese a caer a una distancia de 10, 30 ó 90 grados, o aún podría dar la vuelta completa a la Tierra antes de caer, o también podríamos lograr que nunca más volviese a caer en la Tierra, sino que siguiese adelante por los espacios celestes y continuase moviéndose *in infinitum*. Y de la misma manera que puede hacerse que tal proyectil, en virtud de la fuerza de gravedad, gire describiendo una órbita y dé la vuelta completa a la Tierra, también la Luna, o bien en virtud de la fuerza de gravedad, suponiendo que esté dotada de gravedad, o bien por otra fuerza cualquiera que la empuje hacia la Tierra, puede· ser arrastrada siempre hacia la Tierra, saliéndose de su trayectoria rectilínea, que seguiría en virtud de su fuerza innata; y se vería obligada a girar en la órbita que ahora describe, y no podría la Luna ser retenida en su órbita sin una fuerza semejante. Si esa fuerza fuera muy pequeña no desviaría a la Luna lo suficiente como para apartarla de su trayectoria rectilínea; si fuera demasiado grande, la apartaría demasiado y la arrastraría hacia la Tierra, sacándola de su órbita. Es necesario que la fuerza tenga la cantidad cabal; y a los matemáticos corresponde hallar la fuerza que puede servir exactamente para retener un cuerpo en una órbita dada con una velocidad dada; y viceversa, determinar de qué manera puede lograrse que un cuerpo arrojado de un sitio dado, con una velocidad dada, se desvíe de su trayectoria natural y rectilínea por medio de una fuerza dada, y describa una trayectoria curvilínea.

La cantidad de toda fuerza centrípeta puede considerarse como en tres clases: absoluta, aceleradora y motriz.

DEFINICIÓN VI

La cantidad absoluta de una fuerza centrípeta es la medida de la misma; es proporcional a la eficacia de la causa que la propaga desde el centro, a través de los espacios circundantes.

Así, por ejemplo, la fuerza magnética es mayor en una piedra imán que en otra, según sus tamaños y el vigor de su intensidad.

DEFINICIÓN VII

La cantidad aceleradora de una fuerza centrípeta es la medida de la misma, proporcional a la velocidad que genera en un tiempo dado.

Así, por ejemplo, la fuerza de la misma piedra imán es mayor a una distancia menor, y menor a una mayor; asimismo, la fuerza de gravedad es mayor en los valles y menor en las cimas de montes en extremo elevados, y menor aún (como se demostrará más adelante) a distancias mayores de la Tierra; pero a distancias iguales es igual en todas partes porque (suprimiendo la resistencia del aire o haciendo de ella caso omiso) acelera por igual todos los cuerpos que caen, pesados o livianos, grandes o pequeños.

DEFINICIÓN VIII

La cantidad motriz de una fuerza centrípeta es la medida de la misma, proporcional al movimiento que genera en un tiempo dado.

Así, por ejemplo, el peso es mayor en un cuerpo más grande y menor en un cuerpo más pequeño; y en el mismo cuerpo es mayor cerca de la Tierra y menor a distancias más remotas. Esta especie de cantidad es la centripetencia o propensión de todo cuerpo hacia el centro o, por decirlo así, su peso; y siempre se la conoce por la cantidad de una fuerza igual y contraria que baste cabalmente para impedir que el cuerpo baje.

Para ser más breves, llamaremos a estas cantidades de fuerza: *motriz, aceleradora y absoluta*; y para distinguirlas las consideraremos con respecto a los cuerpos que tienden hacia el centro, a los lugares de esos cuerpos y al centro de fuerza hacia el cual se dirigen. Es decir, le asigno la fuerza motriz al cuerpo, como un esfuerzo y tendencia del todo hacia el centro, esfuerzo que surge de las tendencias de las distintas partes tomadas juntas; la fuerza aceleradora, al lugar del cuerpo, como cierta potencia o energía que se difunde desde el centro a todos los lugares alrededor, para mover los cuerpos que allí se encuentran; y la fuerza absoluta, al centro, como dotada de una causa sin la cual esas fuerzas motrices no se propagarían a través de los espacios que la rodean, sea esa causa algún cuerpo central (como lo es el imán en el centro de la fuerza magnética o la Tierra en el centro de la fuerza gravitativa) o cualquier otra cosa que todavía no se conoce.

AXIOMAS O LEYES DEL MOVIMIENTO

Ley I

Todo cuerpo persevera en su estado de reposo o de movimiento uniforme y rectilíneo, a menos que fuerzas aplicadas a él lo obliguen a cambiar de estado.

Los proyectiles continúan moviéndose mientras no los retarde la resistencia del aire o los empuje hacia abajo la fuerza de gravedad. Un trompo, aun cuando sus partes están saliéndose continuamente del movimiento rectilíneo debido a la cohesión mutua entre ellas, no cesa en su rotación excepto cuando el aire lo retarda. Asimismo, los cuerpos más grandes de los planetas y los cometas, al encontrarse con menos resistencia y más espacios libres, perseveran en sus movimientos, el progresivo y el circular (de rotación), por mucho más tiempo.

Ley II

El cambio en la cantidad de movimiento es proporcional a la fuerza motriz impresa y ocurre en la dirección de la línea recta en que se aplica dicha fuerza.

Si una fuerza cualquiera engendra un movimiento, una fuerza doble engendra movimiento doble; una fuerza triple, movimiento triple, tanto si se aplica esa fuerza toda junta y a la vez, como si se aplica poco a poco y sucesivamente. Y ese movimiento (dirigido siempre en el mismo sentido que la fuerza generadora), si el cuerpo se movía antes, se añade al primer movimiento o de él se resta, según que actúen directamente o sean directamente contrarios entre sí; o se junten oblicuamente, si son oblicuos, produciendo un movimiento nuevo.

Ley III

Para toda acción[1] siempre hay una reacción igual a ella; o sea, las acciones mutuas de dos cuerpos son siempre iguales y están dirigidas hacia partes contrarias.

---

[1] Entiéndase por acción: fuerza impresa.

Cualquier cosa que arrastre a otra o que la empuje es arrastrada o empujada por la segunda. Si oprimimos una piedra con el dedo, también el dedo es oprimido por la piedra. Si un caballo arrastra una piedra atada a un cable, el caballo (por decirlo así) será arrastrado igualmente hacia atrás por la piedra; porque el cable estirado, en virtud del mismo esfuerzo hecho para mantenerse estirado, arrastrará al caballo hacia la piedra tanto como la piedra arrastra al caballo, e impedirá el avance de aquél tanto como favorece el de ésta. Si un cuerpo da contra otro y mediante su fuerza cambia la cantidad de movimiento del otro, también el cuerpo aquél (a causa de la igualdad de la presión mutua) sufrirá igual cambio, en su propia cantidad de movimiento, hacia la parte contraria. Los cambios producidos por estas acciones no son iguales en cuanto a las velocidades sino en cuanto a las cantidades de movimiento de los cuerpos, es decir, suponiendo que los cuerpos no se vean estorbados por otros impedimentos. Pues, al variar igualmente las cantidades de movimiento, los cambios de las velocidades hechos hacia partes contrarias son inversamente proporcionales a los cuerpos. Esta ley se verifica también en las atracciones.

Corolario I

Un cuerpo que está impulsado por dos fuerzas simultáneamente recorrerá la diagonal de un paralelogramo en el mismo tiempo que hubiera tardado en recorrer los lados del mismo si dichas fuerzas hubieran actuado separadamente.

Si en un tiempo dado a un cuerpo se le imparte una fuerza M en el punto A de tal suerte que produzca un movimiento uniforme desde A hasta B, y al mismo tiempo se le imparte una fuerza N en el mismo punto de tal suerte que se moviera desde A hasta C, debido a que ambas fuerzas actúan simultáneamente, cubriría en ese tiempo la diagonal desde A hasta D si se completase el paralelogramo ABCD. Puesto que la fuerza N actúa en dirección AC, paralela a BD, esta fuerza (por la segunda ley) no alterará en absoluto la velocidad generada por la fuerza M, mediante la cual el cuerpo se mueve hacia la línea BD. Por tanto, el cuerpo llegará a la línea BD en el mismo tiempo, sea o no ejercida la fuerza N; y como consecuencia, al finalizar el tiempo, se encontrará en algún lugar de la línea BD. Usando el mismo argumento, al final del mismo tiempo se encontrará en algún lugar de la línea CD y, por tanto, se encontrará en el punto D, donde ambas líneas se encuentran. Pero, según la primera ley, se moverá en línea recta desde A hasta D.

Corolario II

Y así se explica la composición de cualquier fuerza directa AD como resultante de cualesquiera dos fuerzas oblicuas AC y AB; y, por el contrario, la resolución de cualquier fuerza directa AD en dos fuerzas oblicuas AC y CD. La composición y la resolución de las fuerzas están confirmadas ampliamente en la mecánica.

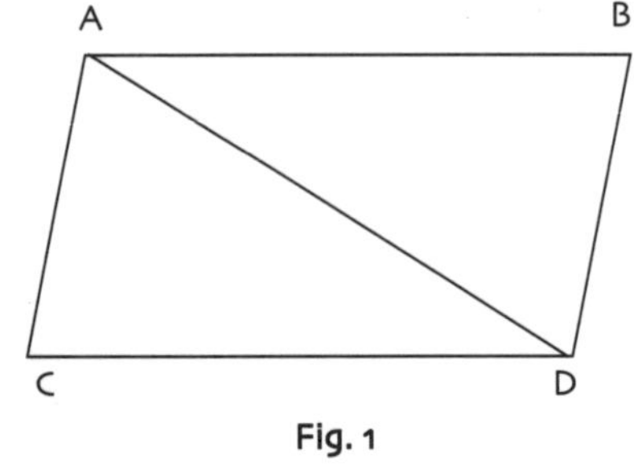

Corolario III

La cantidad de movimiento que se reúne tomando la suma de las cantidades de movimiento dirigidas hacia las mismas partes, y la diferencia de aquéllas que se dirigen a distintas partes, no sufre cambio, debido a la acción entre los cuerpos.

Corolario V

Los movimientos de los cuerpos encerrados en un espacio dado son los mismos entre sí, ya sea que este espacio esté en reposo o en movimiento uniforme y rectilíneo hacia adelante, sin movimiento circular alguno.

Pues las diferencias entre los movimientos que tienden hacia las mismas partes y las sumas de aquéllos que tienden hacia partes contrarias son, en principio (por suposición), las mismas; y es de estas sumas y diferencias que surgen estas colisiones e impulsos, con los cuales los cuerpos chocan entre sí. Por lo que (por la segunda Ley) los efectos de estos choques serán iguales en ambos casos; y, por tanto, los movimientos mutuos de los cuerpos entre sí se mantendrán iguales a los movimientos de los cuerpos entre sí en el otro caso. Tenemos una prueba muy clara de esto en el experimento del barco, donde todos los movimientos suceden de la misma manera, esté el barco en reposo o moviéndose uniformemente hacia adelante en línea recta.

NOTAS SOBRE LAS LEYES DE NEWTON ✣ ✣✣

Nota1. *Sobre las unidades de medida.*

Una cantidad, no importa cual, se mide comparándola con alguna unidad; la longitud se mide en millas o en pies, el tiempo se mide en horas o segundos, etc., y el valor numérico de la cantidad dependerá del tamaño de la unidad de medida que se haya escogido. Por esta razón, cuando se dice que una cantidad variable x es proporcional a otra cantidad variable Y:

$$x = K\,Y$$

las unidades de x o de Y, o de ambas, se pueden escoger de manera que la constante de proporcionalidad K=1. Por ejemplo, supongamos que el precio x de un artículo es proporcional al tiempo Y que se requiere para fabricarlo, y que este costo es de $ 5.00 la hora. Entonces, si Y (el tiempo) se mide en horas, y x (el precio), en dólares, tendremos: $x = 5$ Y. Pero si adoptamos una nueva unidad monetaria llamada el *lin,* de manera que el *lin* sea equivalente a $5.00, entonces la constante K de proporcionalidad sería =1, x = Y, donde Y se medirá en horas y x en *lins.*

De una manera semejante, cuando Newton escribe o implica que la cantidad de movimiento o *momentum*, M, es proporcional al producto de la masa por la velocidad, podemos escribir: $M = kmv$, siempre que entendamos con esto que la unidad de *momentum* se define como la cantidad de *momentum* que tiene un cuerpo de masa unidad que se mueve con velocidad unidad. Se dará por supuesto, siempre que sea posible, que al escoger las unidades de medida éstas se habrán escogido de manera que las constantes de proporcionalidad (como k en la ecuación anterior) sean iguales a *uno.*

Las cantidades que Newton usa en su ciencia de los movimientos e interacciones de los cuerpos son:

---

* *Notas sobre las leyes de Newton* tomadas de: *The Motion and Interaction of Bodies*, University of Chicago Press.

** Versión revisada y actualizada extraída de *Selección de Textos de Ciencias Físicas;* Editorial de la Universidad de Puerto Rico, 14 ed., 2003.

1) Cantidad de materia, es decir, masa.

2) Cantidad de movimiento, es decir, *momentum*.

3) Cantidad de inercia.

4) La cantidad de fuerza absoluta.

5) La cantidad de fuerza aceleratriz.

6) La cantidad de fuerza motriz.

Hay que definir o derivar las unidades de medida para cada una de estas cantidades; por tanto, si alguna de estas cantidades depende totalmente de otras cantidades cuyas unidades de medida hayan sido definidas o derivadas, entonces las nuevas unidades (aun cuando se les puede asignar nombres o cantidades arbitrarias) tendrán que estar relacionadas con las unidades ya existentes. Por ejemplo: si se escoge el *nudo* como unidad para la velocidad, es posible (y necesario, prácticamente) especificar su valor en términos de millas por hora o metros por segundo o de otra unidad de medida semejante a ésas, ya que la velocidad se define en términos de distancia y tiempo, cantidades para las cuales ya existen unidades. Por otra parte, si una de las cantidades de Newton no depende totalmente de cantidades definidas anteriormente, entonces habrá que designar arbitrariamente una nueva unidad para medir *esa* cantidad. Finalmente, si las otras cantidades están relacionadas con la primera, entonces sus unidades se pueden definir en relación a las unidades de la primera y de otras unidades conocidas.

Considérese la primera de las seis cantidades de Newton, *cantidad de materia o masa*, que, según él, es proporcional al producto de la densidad por el volumen de la materia cuya cantidad se está especificando. Aunque está claro que la densidad de la nieve o de los polvos finos aumenta al comprimirlos, no se da aquí una definición explícita de la densidad que determine cómo medirla. Puesto que Newton no ha definido una unidad de medida para la densidad, no puede por tanto definir la *masa* en términos de las unidades de la densidad y del volumen. Por conveniencia, se define la densidad, para algunos propósitos, como peso en cada unidad de volumen, pero esta definición no corresponde al uso que Newton le da al término "densidad", ya que para él *densidad* es la masa en cada unidad de volumen, y peso y masa no son la misma cosa.

Por convención se ha establecido que la masa, igual que la longitud (o distancia) y el tiempo, es una cantidad primaria que debe usarse para medir otras cantidades. Por tanto, sus unidades se designan y se definen arbitrariamente. Existen dos sistemas fundamentales de medidas: el sistema métrico y el sistema inglés. El patrón que se usa para la unidad fundamental de masa en el sistema métrico es un bloque de platino e iridio que se guarda en el Negociado Internacional de Pesos y Medidas cerca de París, y a esta unidad se le llama kilogramo. El kilogramo, o las unidades que se derivan del mismo, tales como el gramo (1 kg = 1,000 gms), se usan cuando las unidades de longitud están expresadas en términos de metros, o unidades derivadas del mismo, como el centímetro (1 m = 100 cm). En el sistema inglés hay otro patrón para medir la masa y se dice que la masa del mismo es de una libra. La libra se usa como unidad de masa y el pie como unidad de longitud en el sistema inglés. El sistema cegesimal (c. g. s.) es un sistema derivado del sistema métrico e incluye al gramo como unidad de masa y al centímetro como unidad de longitud. La unidad de tiempo es el segundo y es la misma para cualesquiera de estos sistemas.

En términos legales, en Estados Unidos una libra corresponde a 0.4536 kilogramos.

$$1 \text{ libra (lb)} = 0.4536 \text{ kilogramos (kg)}$$

Por tanto, la libra es aproximadamente igual a medio kilogramo.

La cantidad de movimiento o "momentum" es, por definición, proporcional al producto de la masa y la velocidad. En este caso se puede definir la unidad de *momentum* de tal manera que la constante de proporcionalidad sea la unidad; por consiguiente, si la masa se mide en gramos y la velocidad en centímetros por segundo, entonces el *momentum* se mide en gramos-centímetros por cada segundo; o si la masa se mide en libras y la velocidad en pies por segundo, entonces el *momentum* se mide en libras-pies por cada segundo. Las unidades de *momentum*, igual que las unidades de velocidad, no tienen un nombre especial.

La cantidad de inercia, o simplemente, la inercia, es siempre proporcional a la masa. Se mide en las mismas unidades en que se mide la masa: gramos, libras, etc.

La cantidad absoluta de la fuerza centrípeta es proporcional a la eficacia de la causa de la fuerza centrípeta, pero Newton no nos dice en sus Definiciones cuáles son las propiedades de un cuerpo que determinan la eficacia de esta fuerza en particular. En el Libro III de *Principios Matemáticos*, según veremos, Newton prueba que la cantidad absoluta de la *fuerza de gravitación* de un cuerpo es proporcional a su masa; en cuyo caso, desde luego, esta cantidad se mide en unidades de masa.

La cantidad aceleratriz de la fuerza centrípeta es proporcional a la aceleración del cuerpo y se mide en unidades de aceleración:

$$\frac{\text{cm}}{\text{seg}^2} \quad \text{o} \quad \frac{\text{pies}}{\text{seg}^2} \quad , \text{etc.}$$

La cantidad motriz de una fuerza centrípeta, que ahora llamamos simplemente *fuerza*, es proporcional al *momentum* que la fuerza genera en cada unidad de tiempo, o sea,

$$f = kma$$

En este caso, igual que en todos los otros, la unidad de fuerza motriz se puede definir de tal manera que la constante de proporcionalidad sea la unidad. Por consiguiente, en el sistema C.G.S., si a un cuerpo de un gramo de masa se le imparte una aceleración de 1 cm por segundo en cada segundo

$$\left(1 \, \frac{cm}{seg^2} \right),$$

se dice que la fuerza motriz que actúa sobre él es una *dina*. En el sistema inglés, cuando a un cuerpo cuya masa sea de una libra se le imparte una aceleración de un pie por segundo en cada segundo, se le ha aplicado una fuerza de 1 *"poundal"*.

Ejemplos en los que se utiliza el sistema métrico de medida:

1. Un cuerpo de 1 kg de masa se mueve con una aceleración de $300 \, \frac{cm}{seg^2}$

¿Cuál es el valor de la fuerza neta que actúa sobre el cuerpo?

Solución:

$$f_{neta} = ma$$

$$f_{neta} = 1{,}000 \text{ gm} \times 300 \, \frac{cm}{seg^2}$$

$$f_{neta} = 300{,}000 \, \frac{gm \; cm}{seg^2}$$

$$f_{neta} = 300{,}000 \text{ dinas}$$

2. ¿Cuánto pesa una masa de 500 gm? Exprese el resultado en dinas.

Solución:

Puesto que la aceleración debida a la gravedad, g, es $980 \, \frac{cm}{seg^2}$ aproximadamente, y su peso, W, es igual al producto mg:

$$W = 500 \text{ gm} \times 980 \, \frac{cm}{seg^2} = 490{,}000 \text{ dinas}$$

En cada sistema de unidades hay además otra unidad muy conveniente para expresar la fuerza motriz y que se usa mucho, ya que se define de tal suerte que el peso del objeto en la nueva unidad sea numéricamente igual a su masa. Adviértase cómo, en el ejemplo 2 discutido antes, el peso de un cuerpo de 500 gm de masa se calcula multiplicando su masa (500 gm) por la aceleración de la gravedad

$$g = 980 \, \frac{cm}{seg^2}$$

Ahora bien, si definimos una nueva unidad de fuerza, el gramo de fuerza, de manera que sea g veces mayor que la dina, es decir,

$$1 \text{ gm de fuerza} = 980 \text{ dinas (aproximadamente)}$$

entonces, un peso expresado en dinas se divide entre la magnitud de *g* para convertirlo en peso medido en gramos. Por consiguiente:

$$\text{peso expresado en gramos} = \frac{(\text{masa en gramos}) \ (g \text{ en } \frac{cm}{seg^2})}{(\text{magnitud } g)}$$

o peso expresado en gramos = (numéricamente) masa expresada en gramos.

Un cuerpo de 500 gm de *masa* pesa, por tanto, 500 gm *de fuerza*.

Nota *2. Los vectores y su composición.*

Cantidad vectorial es el nombre que se le da a toda cantidad física cuya descripción requiera que se especifique la dirección que dicha cantidad lleva con respecto al espacio. Esta cantidad física se representa por medio de una flecha llamada *vector*. La cabeza de la flecha señala la dirección que dicha cantidad lleva y la longitud de la flecha indica la magnitud de la misma. Así, por ejemplo, si un vector horizontal de 5 unidades de longitud representa una fuerza horizontal de 5 libras, un vector vertical de 7 unidades de longitud representa una fuerza de 7 libras que actúa en la dirección de la vertical, y así sucesivamente. El desplazamiento, la velocidad, el *momentum*, la fuerza centrípeta son todas cantidades vectoriales. El diagrama de Newton, bajo el Corolario I de la Tercera Ley, es esencialmente un diagrama de vectores en el cual los vectores AB, AC y AD representan distancias.

Se dice que el vector AD es la suma de los vectores AB y AC, donde la suma vectorial no significa lo mismo que la suma aritmética de las magnitudes de AB y AC, puesto que la longitud de la diagonal del paralelogramo no es igual a la suma de la longitud de los dos lados adyacentes.

Aquí *suma* vectorial se refiere a la representación de la situación (en este caso, la distancia recorrida en cierta dirección) debido a que el mismo cuerpo posee, ya sea simultánea o sucesivamente, cada una de las propiedades que caracterizan los vectores que la constituyen, en este caso los vectores AB y AC. Una vez establecido el significado de los signos "más" e "igual", podemos escribir:

$$AB + AC = AD$$

Ahora bien, en la situación que Newton describe, estos vectores también podrían representar los siguientes conceptos:

1. Las *velocidades*, puesto que los movimientos son uniformes, y en dos movimientos uniformes que ocurren simultáneamente las distancias recorridas son proporcionales a las velocidades ($d = vt$).

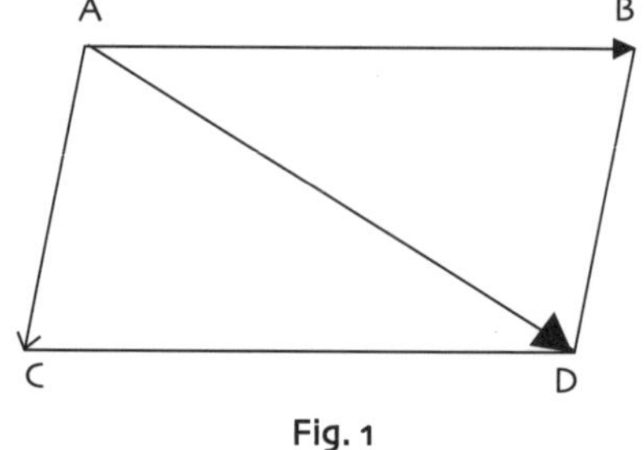

Fig. 1

2. Las *cantidades de movimiento*, puesto que para un cuerpo determinado la cantidad de movimiento es proporcional a la velocidad ($M = mv$).

3. Las *cantidades aceleratrices* de las fuerzas, es decir, las aceleraciones, puesto que las dos velocidades se adquirieron en el mismo tiempo

$$(a = \frac{\Delta v}{t}) \; ; \; y$$

4. Las *cantidades motrices o fuerzas*, puesto que éstas son proporcionales a las aceleraciones ($F = ma$). Por tanto, encontramos, según dice Newton en el Corolario II de la Tercera Ley, que "la composición" de cualquier fuerza directa AD por cualesquiera dos fuerzas oblicuas AC y CD (idéntica a AB), queda explicada. La regla de la "composición", comúnmente llamada regla del paralelogramo, es un método para determinar la suma de dos vectores. Se trazan los vectores uniendo los orígenes de los mismos para que formen un ángulo igual al que hacen los vectores entre sí, luego se completa el paralelogramo y se traza la diagonal. Esta diagonal representa la suma de los dos vectores. La longitud y la dirección de esta diagonal representan la magnitud y la dirección de la suma de los vectores. De igual manera cualquier vector se puede "resolver" en los dos vectores que lo componen y que guardan con él la relación geométrica antes mencionada. La resolución de un vector en sus componentes se puede llevar a cabo en un número infinito de maneras, puesto que un segmento de línea dado puede ser la diagonal de un sinnúmero de paralelogramos distintos.

Una cantidad física cuya orientación en el espacio no es necesario especificar es una *cantidad escalar* y para representarla basta con un número. El tiempo, la masa y la inercia (*vis insita*) son cantidades escalares. En un caso se ha hecho habitual llamar a la cantidad vectorial de una manera y a su *magnitud* de otra. El término *rapidez* se reserva para la magnitud de la razón$\frac{s}{t}$ de un movimiento, sin indicar la dirección, como $5\frac{mi}{hr}$, o $10\frac{pies}{seg}$ mientras que el término *velocidad* incluye la *magnitud* (rapidez) y la *dirección*, como $5\frac{mi}{hr}$ hacia el norte, o $10\frac{pies}{seg}$ a la izquierda. La *velocidad* se puede representar por medio de un *vector*; la rapidez, no. La velocidad de un cuerpo puede variar, debido al cambio que sufra en dirección, aun cuando su rapidez quede constante. Si la rapidez de un cuerpo cambia, por definición cambia también la velocidad del mismo.

Nota *3. Sobre la aplicación de las leyes de Newton.*

Si se observara que un cuerpo aislado en el espacio se moviese uniformemente en un momento dado, y de pronto cambiara su velocidad (aumentando con respecto al observador), no podríamos concluir necesariamente que este cuerpo está sujeto a una fuerza impresa. Podría ser que el observador fuese el que sufriera el efecto de la fuerza y adquiriera una aceleración repentina (opuesta en dirección a la que llevaba el objeto). Por otro lado, si se viera que el objeto sufre un choque en el momento en que se altera su velocidad o que estuviera amarrado a un cordón que se halase en ese momento, entonces podría inferirse, fundándose en el concepto de Newton, que lo que causó la aceleración del objeto fue, en parte, una fuerza impresa sobre el objeto. Si la magnitud de la fuerza se ha de inferir de la magnitud de la aceleración que sufre el cuerpo, de acuerdo con la regla que la fuerza motriz es proporcional al producto de la masa del cuerpo por su aceleración, entonces, de acuerdo con Newton, se debe suponer que la aceleración del cuerpo se debió únicamente a la fuerza que actuó sobre él y no a una aceleración que pudiera haber sufrido el observador. Esta suposición siempre se hace en el análisis de los movimientos que están circunscritos a una localización limitada en la superficie de la Tierra, cuando los movimientos son narrados por un observador que se encuentra en reposo con respecto a la Tierra. Los ejemplos que siguen se encuentran en esta categoría. Por otro lado, para los movimientos que cubren un sector de la Tierra relativamente grande, como el caso de la trayectoria recorrida por la bala de un cañón grande, la rotación de la Tierra durante el movimiento, es decir, la aceleración que sufre el observador, afecta la descripción del movimiento de la bala que él hace.

Para ilustrar la aplicación de las leyes de movimiento de Newton a situaciones mecánicas corrientes, consideraremos la llamada *reacción* de una superficie plana (lisa o áspera) al servirle de soporte a un objeto, cuando la superficie está horizontal y cuando está inclinada. En estas aplicaciones de las Leyes de Newton se ilustrará también el uso de los vectores.

   a) Plano horizontal liso (no hay roce). Supóngase que un objeto de masa m descansa sobre la superficie lisa y horizontal de una mesa. La fuerza de gravedad actúa verticalmente hacia abajo y tiene una magnitud igual a mg. Puesto que el objeto no recibe ninguna aceleración, la fuerza neta que actúa sobre él debe ser igual a cero. Inferimos, por tanto, que la mesa debe ejercer una fuerza **R** hacia arriba sobre el objeto igual al peso mg del objeto. Así, de la existencia de una fuerza (el peso), se infiere otra, la reacción de la mesa. Nótese también que la reacción de la mesa varía con el peso del objeto que descansa sobre ella, y puede tener cualquier valor hasta alcanzar aquel valor que rompa la mesa. Su dirección, no obstante, es siempre vertical.

Decir que la superficie de la mesa es lisa, o que el roce no es posible en ella, significa que se supone que la mesa no ofrece ninguna resistencia al movimiento horizontal del objeto a lo largo de la misma. En este caso, siempre y cuando el único movimiento del objeto sea un movimiento horizontal. Si una fuerza horizontal F actúa sobre el objeto, su aceleración horizontal se puede obtener usando la ecuación:

$$a = \frac{F}{m}$$

puesto que *F* representa la única fuerza horizontal que está actuando.

b) Plano horizontal áspero (hay roce). El análisis de las fuerzas verticales es el mismo. Decir que la mesa es áspera es lo mismo que decir que ésta ejercerá una fuerza que se opondrá al movimiento horizontal del objeto sobre la mesa. Para encontrar los valores que la fuerza de roce entre un objeto particular y una superficie particular pudiera tener, ejercemos una pequeña fuerza horizontal sobre el objeto. Supóngase que no se mueve. Entonces, la fuerza neta que actuó sobre el cuerpo debe haber sido igual a cero. Inferimos de esto que la mesa está ejerciendo una fuerza igual a la fuerza pequeñísima que hiciéramos, pero en dirección contraria. Gradualmente, aumentamos la fuerza horizontal externa hasta que el objeto se mueva; el valor de la fuerza para el cual el objeto comienza a moverse es el valor máximo que puede tener la fuerza de roce entre la mesa y el objeto. En este caso, las leyes de Newton nos obligan a suponer que la fuerza de roce es variable tanto en magnitud (hasta cierto valor máximo), como en dirección (opuesta a la fuerza externa horizontal).

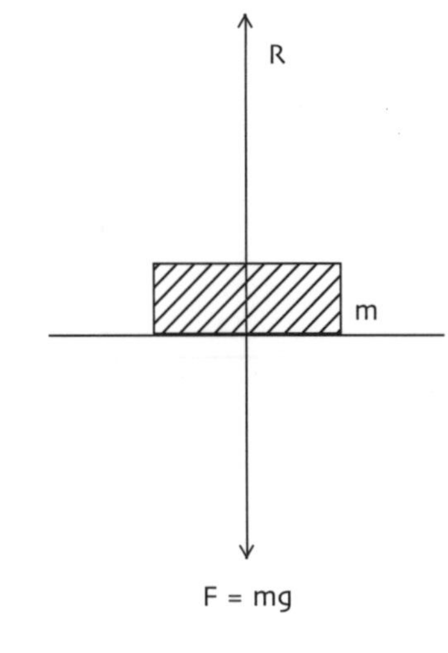

Fig. 2

c) Plano inclinado liso (no hay roce). Podemos adivinar que en esta situación el objeto se deslizará por el plano; pero, ¿con qué aceleración? La fuerza de gravedad actúa verticalmente hacia abajo, como siempre, con una magnitud *mg*, representada por el vector *ab* en la figura 3; la reacción del plano R, sin embargo, no equilibra el peso, como lo hacía en el caso de la superficie horizontal, puesto que las dos fuerzas no actúan en la misma dirección. La reacción del plano debe actuar en ángulo recto con el plano, puesto que un plano liso no ejerce fuerza sobre el objeto si se mueve paralelamente al plano; solamente una fuerza que esté en ángulo recto con la superficie carece de componente paralelo al plano. El resto del análisis será más claro si se piensa que el peso, o vector *ab*, está resuelto en sus dos componentes: *ac*, perpendicular al plano, y el vector *cb*, paralelo al plano. Puesto que el objeto no se mueve en ángulo recto con el plano, podemos concluir que *R* y *ac* deben equilibrarse entre sí: $R + ac = 0$. Esto deja la fuerza *cb* como la fuerza neta que actúa sobre el cuerpo. Esto es lo que se esperaba: una fuerza neta que actúa a lo largo del plano.

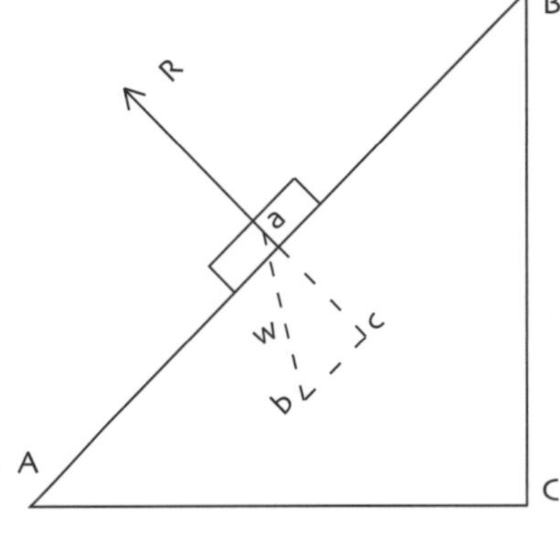

Fig. 3

La magnitud de la fuerza *cb* se puede calcular porque el triángulo de los vectores *abc* es semejante al triángulo *ABC* que se forma entre el plano, la horizontal y la vertical. Por tanto:

$$\frac{cb}{BC} \qquad \frac{w}{AB}$$

Tanto el peso, *w*, como las longitudes *BC* y *AB* se pueden medir; por consiguiente, la fuerza neta que actúa sobre el cuerpo es:

$$cb = \frac{BC}{AB} \times w = \frac{BC}{AB} \times mg.$$

La aceleración a que el cuerpo sufrirá a lo largo del plano será igual a:

$$\frac{cb}{m} \; ; \quad \text{por consiguiente:} \quad a = \frac{BC}{AB} \times g$$

Es decir, la aceleración que el cuerpo sufre será un fracción de la que tendría si cayera libremente, y esta fracción depende, según se anticipaba, de la inclinación que tenga el plano.

d) Plano inclinado áspero (hay roce). Al análisis que precede solamente tendríamos que añadirle la posibilidad de que el plano ejerza una fuerza de roce f, opuesta a cb. Si f iguala a cb, el objeto se quedará en reposo en el plano. Si cb es mayor que el valor máximo de f, el objeto se deslizará por el plano, sujeto a una fuerza neta igual a $cb\text{-}f$.

$$cb = \frac{BC}{AB} \times w = \frac{BC}{AB} \times mg$$

LIBRO III[*][**]

EL SISTEMA DEL MUNDO
(Tratado matemáticamente)
Isaac Newton

En los libros que preceden he sentado los principios de filosofía; no los principios filosóficos, sino los matemáticos, es decir, aquéllos sobre los cuales podemos hacer nuestros razonamientos en las investigaciones filosóficas. Estos principios son las leyes y las condiciones de ciertos movimientos y las potencias o fuerzas que se relacionan con la filosofía; aunque para que no aparecieran solos y a secas, los he ilustrado aquí y allá con algunos escolios filosóficos, considerando sólo aquellas cosas de una naturaleza más general, y sobre las cuales se basa fundamentalmente la filosofía, tales como la densidad y la resistencia de los cuerpos, los espacios libres de todo cuerpo y el movimiento de la luz y los sonidos. De esos mismos principios falta por demostrar la estructura del *Sistema del Mundo* (parte de lo cual incluimos a continuación).

---

* Traducido al español del Libro III de El sistema del Mundo, de Isaac Newton.

** Versión revisada y actualizada extraída de *Selección de Textos de Ciencias Físicas;* Editorial de la Universidad de Puerto Rico, 14 ed., 2003.

REGLAS DEL RAZONAMIENTO EN FILOSOFÍA

REGLA I

No admitiremos más causas de los fenómenos naturales que aquéllas que sean verdaderas y suficientes para explicar sus apariencias.

A este propósito dicen los filósofos que la Naturaleza nada hace en vano, y las cosas se hacen tanto más en vano cuanto de menos sirven; puesto que la Naturaleza gusta de la sencillez y no siente afecto por los pomposos efectos de las causas superfluas.

REGLA II

Por consiguiente, a los mismos efectos naturales, asignaremos, hasta donde sea posible, las mismas causas.

Por ejemplo; la respiración en el hombre y en las bestias; la caída de las piedras en Europa y en América; la luz del fuego de nuestra cocina y la luz del Sol; la reflexión de la luz en la Tierra y en los planetas.

REGLA III

Se considerarán como cualidades universales de todos los cuerpos aquéllas que no admiten ni intensificación ni disminución de grado y que pertenecen a todos los cuerpos con los cuales podemos experimentar.

Porque, como las cualidades de los cuerpos no se conocen sino mediante los experimentos, hemos de tener por universal todo cuanto universalmente concuerda con los experimentos; y las que no están sujetas a disminución nunca pueden suprimirse por completo. Ciertamente no hemos de sustituir las pruebas que nos proporcionan los experimentos por sueños y vanas ficciones inventadas por nosotros mismos; ni hemos de apartarnos de la analogía de la naturaleza, que acostumbra a ser sencilla y siempre constante consigo misma. La extensión de los cuerpos no la conocemos sino merced a nuestros sentidos, y no la perciben éstos en todos los cuerpos; pero como percibimos la extensión en todos los que son sensibles, también la atribuimos universalmente a todos los demás. Por experiencia sabemos que muchos cuerpos son duros y, como la dureza del todo proviene de la dureza de las partes, inferimos con razón la dureza de las partículas no separadas, no solo de los cuerpos que sentimos, sino de todos los demás. El que todos los cuerpos sean impenetrables no lo sabemos por razonamiento, sino gracias a la sensación. Hallamos que los cuerpos que manejamos son impenetrables y de ahí inferimos que la impenetrabilidad es una propiedad universal de todos los cuerpos. Que todos los cuerpos sean movibles y estén dotados de ciertas potencias (que denominamos *inercia*) para perseverar en su movimiento o en su reposo, lo inferimos tan sólo de las propiedades similares observadas en los cuerpos que hemos visto. La extensión, la dureza, la impenetrabilidad, la movilidad y la inercia del todo resultan de la extensión, la dureza, la impenetrabilidad, la movilidad y la inercia de las partes; y de aquí inferimos que las partes más pequeñas de los cuerpos son también todas ellas extensas, duras, impenetrables y movibles y que están dotadas de su propia inercia. Y este es el fundamento de toda filosofía. Además, que las partes divididas (aunque contiguas) de los cuerpos puedan separarse unas de otras es cuestión de observación; y que en las partículas que permanecen sin separarse, nuestra mente puede distinguir partes aún menores se demuestra matemáticamente. Pero no podemos afirmar con certeza que las partes que así se distinguen, y que no están divididas aún, puedan dividirse y separarse unas de otras, en virtud de las fuerzas de la Naturaleza... Sin embargo, con tener la prueba, mediante un solo experimento, de que, al romperse un cuerpo duro y sólido, una partícula no dividida llega a dividirse, podríamos afirmar en virtud de esta regla que tanto las partículas divididas como las no divididas pueden dividirse y, en efecto, separarse hasta lo infinito.

Por último, si constase universalmente, por los experimentos y las observaciones astronómicas, que todos los cuerpos cercanos a la Tierra gravitan hacia la Tierra en proporción a la cantidad de materia que contiene cada uno de ellos, y que, asimismo, la Luna, según la cantidad de su materia, gravita hacia la Tierra, y que, recíprocamente, nuestros mares gravitan hacia la Luna, y todos los planetas gravitan unos hacia otros, y del mismo modo los cometas gravitan hacia el Sol, deberíamos, como consecuencia de esta regla, admitir universalmente que todos los cuerpos están dotados de un principio de gravitación mutua. Porque el razonamiento que parte de las manifestaciones concluye, con mayor fuerza, aquello que trata de la gravitación universal de todos los cuerpos que aquello que trata de la impenetrabilidad de ellos, acerca de lo cual no tenemos experiencia alguna ni observaciones de ninguna clase para los cuerpos que pertenecen a las regiones celestes. No quiero decir que yo afirmo que la gravedad es esencial a los cuerpos: por su *vis insita* no entiendo otra cosa que su inercia. Esta es inmutable. Su gravedad disminuye según se alejan de la Tierra.

REGLA IV

En la filosofía experimental hemos de tener por exactamente verdaderas o muy cercanas a la verdad las proposiciones inferidas por inducción general de los fenómenos, a pesar de todas las hipótesis contrarias que pudieran imaginarse, hasta que se presenten otros fenómenos en virtud de los cuales dichas proposiciones puedan hacerse más exactas o prestarse a excepciones.

Hemos de seguir esta regla para que las hipótesis no desvirtúen el razonamiento inductivo.

PROPOSICIONES

PROPOSICIÓN I.–TEOREMA I.

Que las fuerzas, mediante las que los satélites de Júpiter son desviados de sus movimientos rectilíneos y retenidos en sus propias órbitas, tienden hacia el centro de Júpiter, y son inversamente proporcionales a los cuadros de las distancias entre las posiciones de estos satélites y el centro.

Lo mismo debemos entender de los satélites que rodean a Saturno.

PROPOSICIÓN II.–TEOREMA II.

Las fuerzas que desvían a los planetas primarios de sus movimientos rectilíneos y que los retienen en sus órbitas tienden hacia el Sol y son inversamente proporcionales a los cuadrados de las distancias desde los lugares de esos planetas al centro del Sol.

PROPOSICIÓN III.–TEOREMA III.

La fuerza mediante la cual la Luna se mantiene en su órbita tiende hacia la Tierra y es inversamente proporcional al cuadrado de la distancia entre su posición en su órbita y el centro de la Tierra.

Imaginemos a un cuerpo A que se mueve a lo largo de una línea recta PT con un movimiento uniforme. El cuerpo tarda cierto tiempo fijo en pasar del punto P a Q, de Q a R, etc. A estos intervalos de tiempo los llamaremos Δt. Por tanto, los espacios PQ, QR, RS y ST son iguales. Ahora tracemos una línea desde cualquier punto fijo O al cuerpo en movimiento (fig. 1). Se puede demostrar que esta línea cubre áreas iguales en intervalos iguales de tiempo. Podemos comprobarlo demostrando que las áreas de los triángulos *QOP, ROQ, SOR, TOS* son iguales, pues todos los triángulos tienen bases iguales y la misma altura.

Ahora supongamos que, en el instante en que el cuerpo se encuentra en *Q* y por un período de tiempo *muy breve*, le aplicamos una fuerza en la dirección *QO*, modificando así la *dirección* de su movimiento. Si el cuerpo hubiese estado en reposo en el punto *Q*, habría acelerado hacia *O* durante el tiempo en que se aplicaba la fuerza y, transcurrido un período de tiem-

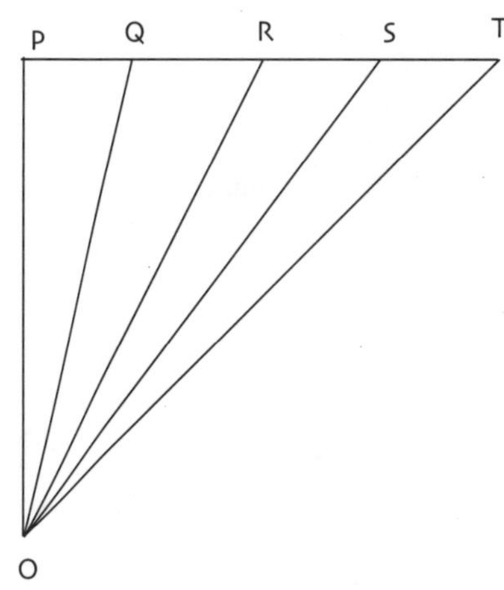

Fig. 1

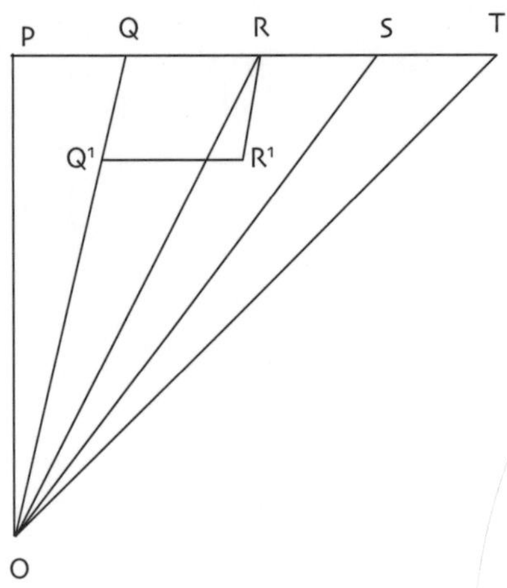

Fig. 2

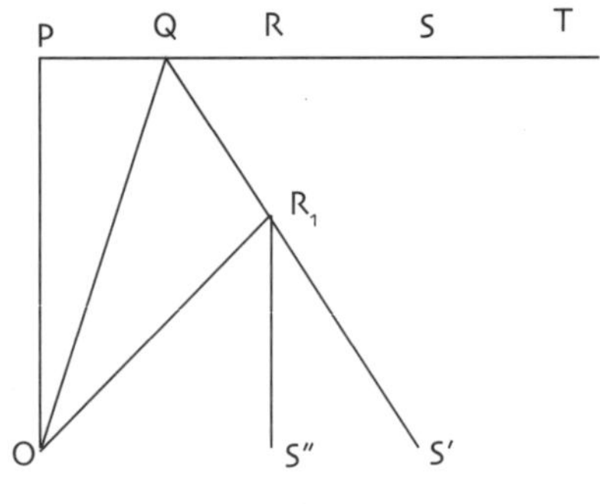

Fig. 3

po Δt, lo encontraríamos a cierta distancia del punto Q en dirección O, cuya distancia vamos a representar por el segmento de línea QQ' (vea fig. 2).

Sin embargo, ya que el cuerpo estaba originalmente en movimiento uniforme a lo largo de la línea PT, su movimiento, después de aplicada la fuerza, no será ni en la dirección original ni a lo largo de la línea QQ'. El cuerpo se desplazará desde Q hasta R' por la combinación de ambos movimientos. Si calculamos el área cubierta por la línea desde O hasta el cuerpo después de haber aplicado la fuerza (área de triángulo OQR'), encontraremos que será igual a la que hubiera cubierto si la dirección original del movimiento no se hubiera modificado por la acción de la fuerza. Es decir, el área del triángulo OQR' (vea fig. 3) es igual a la del triángulo OQR. La presencia de esa fuerza no afectó al área cubierta durante el intervalo de tiempo Δt. Se recomienda al estudiante que trate de probarlo utilizando las siguientes relaciones:

a) La línea RR' es paralela a la línea QQ' (son los lados opuestos de un paralelogramo).

b) Escójase como base de ambos triángulos la línea OQ.

Si no actuase ninguna otra fuerza neta en el punto R', el movimiento sería en línea recta a lo largo de QR'. Por un razonamiento análogo podemos deducir que si la fuerza se aplica siempre hacia el punto O, el área cubierta por la línea que une el cuerpo con dicho punto cubrirá áreas iguales en tiempos iguales, no importa la magnitud de las fuerzas aplicadas sucesivamente, ni la frecuencia de su aplicación, aunque el movimiento del cuerpo quedaría modificado con cada aplicación de la fuerza. Si los intervalos de tiempo Δt entre cada aplicación de la fuerza se hacen más y más cortos, la línea quebrada que indica el paso del cuerpo se aproximará más y más a una curva, y el efecto de las fuerzas se aproximará más y más al de una fuerza continua, que actuará siempre en la dirección del punto O. En resumen, podemos decir que las fuerzas aplicadas a un cuerpo y dirigidas hacia un centro no afectan las áreas cubiertas por el radiovector (línea desde el centro hasta el cuerpo); es decir, que en tiempos iguales el radiovector cubrirá áreas iguales.

PROPOSICIÓN IV.–TEOREMA IV.

La Luna gravita hacia la Tierra y la fuerza de gravedad la aparta constantemente de un movimiento rectilíneo y la retiene en su órbita.

PROPOSICIÓN V.–TEOREMA V.

Que los satélites de Júpiter gravitan hacia Júpiter, los de Saturno; hacia Saturno, los planetas que giran alrededor del Sol, hacia el Sol; y por las fuerzas de su gravedad son desviados de sus movimientos rectilíneos, y retenidos en órbitas curvilíneas.

Respecto a las revoluciones de los satélites de Júpiter alrededor del mismo, de los de Saturno alrededor de Saturno y de Mercurio y Venus, y de los otros planetas circunsolares, alrededor del Sol, parecen ser del mismo tipo que la revolución de la Luna alrededor de la Tierra y, por tanto, por la Regla II, deben ser originadas por el mismo tipo de causas; especialmente ya que ha sido probado que las fuerzas de que dependen aquellas revoluciones tienden hacia los centros de Júpiter, de Saturno y del Sol, y que dichas fuerzas, que emanan de Júpiter, Saturno y del Sol, decrecen en la misma proporción, y de acuerdo con la misma ley, que lo hace la fuerza de gravedad que emana de la Tierra.

COROLARIO I.—Existe, por tanto, un poder de gravedad que tiende hacia todos los planetas, porque, sin duda, Venus, Mercurio y los demás son cuerpos de la misma condición que Júpiter y Saturno. Y como quiera que toda atracción es (por la Ley III) mutua, por tanto Júpiter gravitará hacia todos sus satélites; Saturno, hacia los suyos; la Tierra, hacia la Luna; y el Sol, hacia todos los planetas primarios.

COROLARIO II. La fuerza de gravedad que tiende hacia un planeta cualquiera es inversamente proporcional al cuadrado de las distancias de los distintos sitios al centro del planeta.

COROLARIO III.—Todos los planetas gravitan mutuamente unos hacia los otros, en virtud de los Cor. 1 y 2. Y, por tanto, ocurre que Júpiter y Saturno, cuando están cerca de su conjunción,* por sus mutuas atracciones perturban sensiblemente sus respectivos movimientos el uno al otro. Así el Sol perturba los movimientos de la Luna, y ambos, Sol y Luna, perturban nuestros mares, como explicaremos más tarde.

ESCOLIO

La fuerza que retiene a los cuerpos celestes en sus órbitas ha sido llamada, hasta aquí, fuerza centrípeta; pero se ve ahora claramente que no puede ser otra que la fuerza gravitatoria que de aquí en adelante llamaremos gravedad. Por tanto, la causa de esa fuerza centrípeta que retiene a la Luna en su órbita se extenderá ella misma a todos los planetas, por las Reglas I, II y IV.

PROPOSICIÓN VI.—TEOREMA VI.

Todos los cuerpos gravitan hacia cada planeta; y los pesos de los cuerpos respecto de cualquier planeta, a distancias iguales desde el centro del planeta, son proporcionales a las cantidades de materia que cada uno de ellos contiene.

---

* Decimos que Saturno y Júpiter están en conjución cuando están alineados con el Sol a un mismo lado de éste.

Se ha observado durante bastante tiempo que toda clase de cuerpos pesados descienden a la Tierra en tiempos iguales, siempre que se dejan caer desde las mismas alturas, y que esta igualdad en los tiempos se puede advertir con bastante precisión con la ayuda de los péndulos, con los cuales hemos hecho experimentos muy sencillos...

Pero, sin duda alguna, la naturaleza de la gravedad hacia los planetas es la misma que hacia la Tierra. Por cuanto podríamos imaginar nuestros cuerpos terrestres trasladados a la órbita de la Luna y allí, juntamente con la Luna, privados de todo movimiento, dejarlos abandonados, de manera que cayesen juntos hacia la Tierra; es cierto en virtud de lo que hemos demostrado antes, que en tiempos iguales recorrerían iguales espacios junto con la Luna y, en consecuencia, son a la Luna, en cuanto a cantidad de materia, como sus pesos son al peso de ésta. Aún más, puesto que los satélites de Júpiter ejecutan sus revoluciones en tiempos cuyos cuadrados son proporcionales a la tercera potencia de sus distancias al centro de Júpiter, sus gravedades aceleratrices hacia Júpiter serán recíprocamente como los cuadrados de sus distancias al centro de Júpiter; esto es, iguales, a iguales distancias. Y, por tanto, esos satélites, si suponemos que caen hacia Júpiter desde iguales alturas, describirían iguales distancias en iguales tiempos, de análoga manera a como lo hacen los cuerpos pesados en nuestra Tierra. Y mediante el mismo argumento, si supusiéramos que los planetas circunsolares son dejados caer desde iguales distancias del Sol, describirían, en su descenso hacia el Sol, iguales espacios en iguales tiempos. Pero las fuerzas que aceleran igualmente a cuerpos distintos deben ser como dichos cuerpos, es decir, que los pesos de los planetas hacia el Sol deben ser como sus respectivas cantidades de materia.

COROLARIO I.—De lo dicho se infiere que los pesos de los cuerpos no dependen de su forma, ni de su estructura, porque, si al variar su forma pudieran alterarse los pesos de los cuerpos, estos pesos serían mayores o menores cuando la misma cantidad de materia apareciese en diversas formas, lo que es contrario a la experiencia.

COROLARIO II.—Todos los cuerpos cercanos a la Tierra gravitan hacia ella; a igual distancia del centro de la Tierra, los pesos de todos ellos son proporcionales a sus respectivas cantidades de materia. Esta es una cualidad de los cuerpos que queda al alcance de nuestros experimentos y, por tanto (en virtud de la Regla III), debe afirmarse que esta cualidad pertenece a todos los cuerpos...

COROLARIO V.—La potencia de gravedad es, por su naturaleza, diferente de la potencia del magnetismo, porque la atracción magnética no es proporcional a la materia atraída. El imán atrae más a ciertos cuerpos; a otros, menos; y no atrae a la mayoría de los cuerpos. La potencia del magnetismo puede aumentarse y disminuirse en un mismo cuerpo y es algunas veces mucho más fuerte (para una materia dada) que la potencia de gravedad.

PROPOSICIÓN VII—TEOREMA VII

Existe una potencia de gravedad que atrae a todo cuerpo y es proporcional a la diversa cantidad de materia que contiene cada uno de ellos.

PARTE IV

LA ENERGÍA Y SU CONSERVACIÓN

ENSAYO SOBRE LA DINÁMICA *

Por GOTTFRIED WILHELM LEIBNIZ
(1646-1716)

I

La opinión de que la misma *cantidad de movimiento* se conserva en el impacto de los cuerpos reinó por mucho tiempo y pasó como un axioma entre los filósofos modernos (Descartes y sus seguidores). Por *cantidad de movimiento* ellos entienden el producto de la masa de un cuerpo por su rapidez, de manera que si la masa de un cuerpo es 2 y su rapidez es 3, la cantidad de movimiento del cuerpo es 6. Por tanto, ellos sostienen que en el impacto de dos cuerpos la suma de los productos de la masa de cada uno de los cuerpos por su rapidez respectiva debería ser la misma antes y después del impacto.

No obstante, Wren y Huygens han demostrado que esta opinión no es correcta y que está en desacuerdo con las reglas del impacto, establecidas y aceptadas universalmente. En primer lugar, los matemáticos, quienes basándose en experimentos establecieron las reglas de movimiento desde hace mucho tiempo, han observado que en el choque de dos cuerpos se conserva la velocidad relativa[1] de éstos. Esto es cierto únicamente en el caso ideal de los choques perfectamente elásticos, donde la velocidad relativa de acercamiento de los cuerpos es igual a la velocidad relativa de separación. Así, pues, hay una velocidad relativa de acercamiento o de separación entre los cuerpos, ya esté un cuerpo en reposo y el otro en movimiento, o que ambos estén en movimiento, bien sea en la misma dirección o en direcciones contrarias. Encontramos que esta velocidad relativa se mantiene constante, de manera que los cuerpos se separan después del choque con la misma rapidez relativa con que se acercaban antes del impacto. Noto, además, otra conservación, a saber: la conservación del *momentum*. Entiendo por *momentum* la cantidad de movimiento calculada teniendo en cuenta la dirección del

---

* Versión revisada y actualizada extraída de *Selección de Textos de Ciencias Físicas;* Editorial de la Universidad de Puerto Rico, 14 ed., 2003.

[1] Velocidad relativa. Por ejemplo, la velocidad relativa del cuerpo A con relación al cuerpo B es la misma en los dos casos siguientes: 1) B está en reposo y A se mueve hacia B con una rapidez de 3 unidades; 2) B se mueve con una rapidez de 1,000 unidades y A se mueve en la misma dirección que B con una rapidez de 1,003 unidades.

movimiento, de manera que si el cuerpo fuera en dirección contraria, esta cantidad de movimiento sería negativa. Pongamos estas dos reglas en práctica en el ejemplo que aparece a continuación. Supongamos que dos cuerpos, cuyas masas son 5 y 10, respectivamente, se mueven, cada uno con una rapidez de 6, en direcciones opuestas; chocan y rebotan de una manera perfectamente elástica. Por un cómputo sencillo obtenemos que la masa de 5 rebotará, después del choque, con una rapidez de l0, y el otro cuerpo, con masa de 10, rebotará con una rapidez de 2.

De este resultado obtenemos que, según Descartes, la cantidad del movimiento antes del impacto es 5 (6) + 10 (6) = 90 y que la cantidad de movimiento después del impacto es 5 (10) + 10 (2) = 70, cantidad 20 unidades menor que antes.

Ahora, debido a que se ha abandonado la opinión arriba expuesta, ha surgido una mala consecuencia, a saber, que nos hemos ido hacia el otro extremo y no reconocemos la conservación de nada absoluto que pudiera ocupar el lugar de la cantidad de movimiento. Pero nuestra mente está en busca de algo semejante y así, los filósofos que no siguen las discusiones de los matemáticos tienen dificultad en descartar un axioma como éste de la conservación de la cantidad de movimiento sin antes haberse provisto de otro en el cual se puedan apoyar. Más aún, la conveniencia de definir alguna cantidad absoluta que se conserve se muestra también en el ejemplo de arriba porque si se hace que los cuerpos que rebotan retornen y choquen nuevamente con la rapidez con que rebotaron, es decir, 10 y 2, respectivamente, en este segundo impacto adquirirán su rapidez original de 6; de modo que se deja ver claramente que, mientras la cantidad de movimiento ha disminuido primero de 90 a 70, luego ha aumentado a 90 nuevamente; algo que podemos llamar la "vis viva" o (actividad) de los dos cuerpos juntos se ha conservado todo el tiempo.

II

Es cierto que la velocidad relativa de dos cuerpos que chocan se conserva; pero estas velocidades relativas pueden ser las mismas aun cuando las velocidades verdaderas y la "vis viva" de los cuerpos cambien en un sinnúmero de maneras; así que esta conservación de la velocidad relativa nada tiene que ver con aquello que es absoluto en los cuerpos. Se encontrará además que el *momentum* total de los cuerpos que chocan también se conserva, o al menos, que hay tanto *momentum* antes del impacto como después del mismo. Pero también está claro que esta conservación no corresponde a aquello que se espera de algo absoluto, porque puede suceder que la rapidez, la cantidad de movimiento y la fuerza de los cuerpos sean muy grandes y, sin embargo, que el *momentum* sea cero. Esto ocurre cuando las cantidades de movimiento de dos cuerpos que se mueven en direcciones opuestas son iguales, de manera que al restar un *momentum* del otro, el resultado es cero; es decir, de acuerdo con el significado que le acabamos de dar a la palabra *momentum*, no hay ningún *momentum* total.

Hace mucho tiempo corregí y rectifiqué esta doctrina de la conservación de la cantidad de movimiento y la substituí por la conservación de otra cosa absoluta; pero en lo que se refiere a la forma precisa en que esta doctrina debe concebirse, esto es, a la conservación de la "vis viva", parece que la mayoría de los filósofos no le han dado suficiente atención a mis razones ni han percibido la belleza de aquello que yo he observado. Pero, como después de muchas discusiones algunos de los matemáticos más sobresalientes han aceptado mi opinión, estoy seguro que con el tiempo tendré la aprobación general. Para volver entonces a lo que dije sobre la conservación de la "vis viva", debemos saber que el origen del error concerniente a la cantidad de movimiento proviene de aquel punto de vista que le ha tomado como la medida propia de la "vis viva" de un sistema de cuerpos. Muy naturalmente (pienso yo) hemos llegado a creer que la misma cantidad de "vis viva" permanece antes y después del impacto de los cuerpos, y he encontrado que esto es cierto. Ahora, habiéndose tomado la cantidad de movimiento y la "vis viva" como una y la misma cosa, la gente ha concluido que la cantidad de movimiento se conserva.

III

De esta manera llegamos al problema que ha de ser investigado por medio de la razón y por experimentos: por medio de qué medida cuantitativa podemos expresar adecuadamente la "vis viva" de un sistema de cuerpos. Y es razonable el que debamos calcular la "vis viva" (actividad) por el efecto que la misma es capaz de producir. Pero por "efecto" entiendo aquí, no todo resultado en general, sino sólo aquél para el cual se tiene que agotar o consumir una "vis viva" y que, por esa razón, yo llamo *efecto violento*, por ejemplo, el darle a un cuerpo cierta altura. Por otro lado, el movimiento uniforme de un cuerpo en un plano horizontal no es un efecto violento, porque en este proceso, no importa por cuánto tiempo se lleve a cabo, persiste siempre la misma "vis viva" y nunca se consume.

Más aún, de todos los efectos violentos, el más apropiado para servir de medida es aquél que es más homogéneo o capaz de división en partes semejantes e iguales, y esto es cierto en el caso en que se eleva un peso. Puesto que la elevación vertical de un cuerpo pesado a una altura de dos o tres pisos es claramente el doble o el triple de la elevación vertical del mismo cuerpo a un pie de altura, y la elevación vertical a un pie de altura de un cuerpo doblemente más pesado es justamente el doble de la elevación vertical de un cuerpo de peso unidad a la misma altura; por consiguiente, la elevación vertical a tres pies de altura de un cuerpo doblemente pesado es precisamente seis veces la elevación vertical de un cuerpo de peso unidad a una altura de un pie. Tomando, pues, como la unidad de medida, el efecto que se produce al elevar un peso unidad a una unidad de altura, podemos con razón asignarle al efecto producido al elevar un peso W a una altura h, el valor Wh, esto es, el producto del peso y la altura a la cual se elevó.[1]

---

[1] Podemos hacer esto, al menos mientras se nos permita suponer que el peso del cuerpo es el mismo mientras se esté elevando, aun cuando quizás en realidad el peso disminuye a medida que el cuerpo sube sobre el horizonte, una consideración que introducirá complicaciones tan pronto como la distancia sea suficiente para hacer perceptible esta disminución.

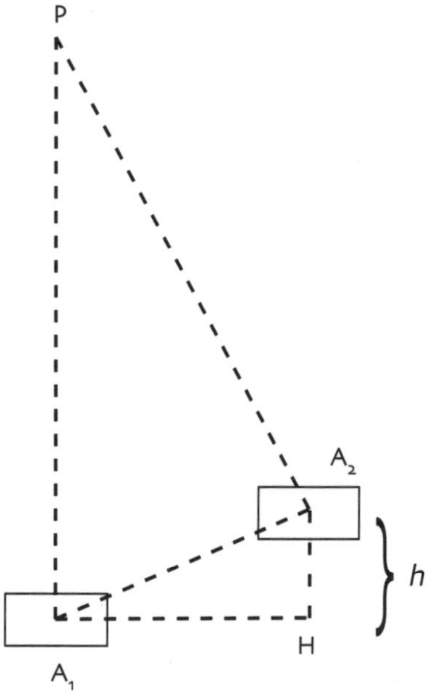

Ahora, ¿cómo comparar la "vis viva" de dos cuerpos que están en movimiento? Es evidente que debemos tomar en cuenta la "vis viva" de un cuerpo de masa 2 que se mueve con rapidez dada como el doble de la "vis viva" de un cuerpo de masa 1 que se mueve con la misma rapidez, puesto que el cuerpo de masa 2 se puede resolver, en pensamiento, en dos partes, cada una de masa 1, y seguramente la "vis viva" del conjunto es igual a la suma de la "vis viva" de las partes. En general, podemos suponer, por tanto, que la "vis viva" es proporcional a la masa. Pero si las masas son iguales y la velocidad en un cuerpo es el doble de la del otro, no puede uno por medio de un argumento semejante concluir que la "vis viva" de ese cuerpo sea el doble, pues el cuerpo con velocidad 2 no puede ser reemplazado, bajo ningún concepto, por dos cuerpos cada uno con una velocidad 1, siendo las velocidades como diría yo (in-homogéneas), o sea, que no se pueden resolver en partes semejantes. Por tanto, no se nos está permitido el medir la "vis viva" por la *cantidad de movimiento* o el producto de la masa por la rapidez; esto sería un error, según he comentado ya extensamente. Debemos, pues, recurrir al método de comparar las "vis viva" por medio de los efectos violentos; esto es, por medio de las alturas a las cuales los cuerpos que se mueven son capaces de hacer subir ciertos pesos.

Supongamos, por tanto, que el cuerpo A tiene una masa "m" y se mueve en una línea horizontal con la rapidez v, y para convertir la "vis viva" de su movimiento en una ascensión, lo cual ocurriría si en el momento en que el cuerpo tiene dicha rapidez v se coge al extremo de un péndulo vertical PA_1. Pero se sabe, de las demostraciones de Galileo y de otros, que el cuerpo A que se mueve con una rapidez v subirá a tal altura h que el mismo cuerpo, si se suelta desde esa altura y se deja caer libremente del reposo al plano horizontal A_1H; adquirirá precisamente aquella rapidez v que tenía inicialmente, si es que se puede descartar la resistencia del aire. No obstante, un cuerpo que cae del reposo adquirirá en el tiempo t una velocidad igual a gt, y cubrirá una distancia vertical h igual a $1/2\,gt^2$ (donde g representa la aceleración de gravedad, que Galileo demostró era constante e igual para todos los cuerpos). Así, pues, tanto la altura h como la rapidez v de un cuerpo que cae libremente están relacionadas con el tiempo de caída. De estas dos relaciones:

$$1.\ v = gt$$
$$2.\ h = 1/2\,gt^2$$

se puede deducir una relación entre la altura h y la rapidez v,

porque, de la ecuación 1, tenemos que $t = \dfrac{v}{g}$ y, sustituyendo este

valor de t en la segunda ecuación, obtenemos:

Fig. 1

$$h = 1/2 \, g \left(\frac{v}{g}\right)^2$$

Esto es: $\quad h = 1/2 \, \dfrac{g v^2}{g^2}$

o sea, $\quad$ 3. $h = \dfrac{v^2}{2g}$

De acuerdo con esta derivación, la ecuación 3 se deberá interpretar como la relación entre la distancia h que un cuerpo recorre cuando cae del reposo y la velocidad v que éste adquiere. Pero, de acuerdo con la proposición de Galileo que se ha citado anteriormente, podemos también interpretar esta ecuación como la altura h a la cual el cuerpo A ascenderá cuando su rapidez v haya sido consumida por el ascenso. Y aunque, para mayor precisión, he supuesto anteriormente que esta rapidez inicial v es en una dirección horizontal, tal suposición no es un requisito indispensable, puesto que llegaríamos a la misma conclusión para un cuerpo que viajara con una rapidez v en cualquier dirección. Si la rapidez se consume en el proceso de elevar el cuerpo a la altura h, entonces el mismo cuerpo, cayendo libremente del reposo a través de la altura h, debe adquirir la rapidez v; por consiguiente, por la ecuación 3, podemos obtener

el valor de h igual a $\dfrac{v^2}{2g}$.

En este resultado dos circunstancias son muy notables. Primero, la altura a la cual un cuerpo puede elevarse por sí mismo depende solamente de la rapidez del cuerpo y nunca de su masa. Así, pues, un cuerpo de doble masa puede elevarse solamente hasta la misma altura que un cuerpo de unidad de masa. Pero como ya hemos concluido que el elevar un cuerpo de doble peso produce un efecto doble del que se produce al elevar un cuerpo de peso unidad, este resultado está de acuerdo con nuestra aceptación previa de que la "vis viva" de un cuerpo de doble peso que se mueve con cierta rapidez se debe considerar como el doble de la "vis viva" de un cuerpo de peso unidad que lleva la misma rapidez. Segundo, la altura a la cual el cuerpo puede elevarse por sí mismo no es proporcional a su rapidez, sino más bien al cuadrado de su rapidez; así que, con una rapidez doble, el cuerpo puede elevarse a una altura cuatro veces mayor. Por consiguiente, debemos considerar la 'vis viva" como proporcional al cuadrado de la rapidez.

Supongo ahora que la "vis viva" se medirá por su efecto violento, con tal que solamente se produzca ese efecto violento mediante el consumo o la extinción de la totalidad de la "vis viva", en cuyo caso no importa cuánto tiempo transcurra en producirse. El efecto, en el caso del cuerpo A, era subir a ese cuerpo a una altura h. Pero (W), el peso del cuerpo A, es igual al producto de su masa y la aceleración debida a la gravedad (mg); por tanto, la magnitud del efecto violento, de acuerdo con nuestra conclusión previa, es el producto Wh, lo cual sería igual al producto mgh. Usando, por tanto, el valor de h, según lo obtuvimos en la ecuación 3, concluimos:

$$4. \quad mgh = \frac{mv^2}{2}$$

esto es, la "vis viva" de un cuerpo de masa m que se mueve con una rapidez v, determinada por el efecto mgh que este cuerpo es capaz de producir, es $1/2\ mv^2$, la mitad del producto de la masa del cuerpo y el cuadrado de su rapidez.

IV

La conclusión expuesta anteriormente ha sido derivada de un efecto especial, a saber, el de un cuerpo que se eleva a sí mismo al consumir su propia "vis viva". Pero, si nuestra construcción de conceptos ha sido adecuada, esto es, si nosotros hemos llegado al método adecuado de calcular la "vis viva", entonces debemos esperar que, no importa cómo se consuma la 'vis viva' de un cuerpo en movimiento al levantar un peso, la magnitud del efecto violento es la misma. Tal vez no sería superfluo examinar si éste es ciertamente el caso. Consideremos, por tanto, la situación siguiente: el cuerpo A de masa m se mueve en el plano $H_1\ H_2$ (movimiento sin roce), con la rapidez v. Atado al cuerpo A hay una cuerda inextensible y liviana (la cual podemos considerar como si no tuviese una cantidad apreciable de masa). Esta cuerda se mueve sobre una polea, y es el único soporte del cuerpo B, de masa M, el cual en el primer instante que consideremos suponemos que está moviéndose hacia arriba con una rapidez v igual a la que tiene A hacia adelante.

Si el cuerpo B no actuara sobre el cuerpo A tendiendo a retardar su movimiento hacia adelante, seguramente el cuerpo A continuaría moviéndose hacia adelante con una rapidez v y conservaría su "vis viva" de magnitud $1/2\ mv^2$. Si B no estuviera conectado con el cuerpo A, el cual tiende a arrastrarlo hacia arriba, el cuerpo B, con una rapidez inicial v, se levantará a sí mismo a la altura $\frac{v^2}{2g}$ antes de comenzar a caer.

Sin embargo, debido a la cuerda inextensible que los conecta, A y B se afectan el uno al otro y, por tanto, tenemos que determinar cuán lejos van, esto es, cuán alto se eleva B, hasta el momento preciso en que los cuerpos hayan perdido todo su movimiento, antes de que caigan de nuevo.

Newton nos ha dado el método para tratar con tal problema. La masa total del sistema en movimiento es M + m, puesto que la masa de la cuerda es insignificante. La única fuerza que puede afectar el movimiento del sistema es el peso del cuerpo B, o sea, Mg. *La aceleración* (a) del sistema la obtenemos de la segunda ley de Newton (F = ma).

Por tanto $\quad$ Mg = (M + m) a

o sea: $\qquad a = \left(\dfrac{M}{M + m} \right) g$

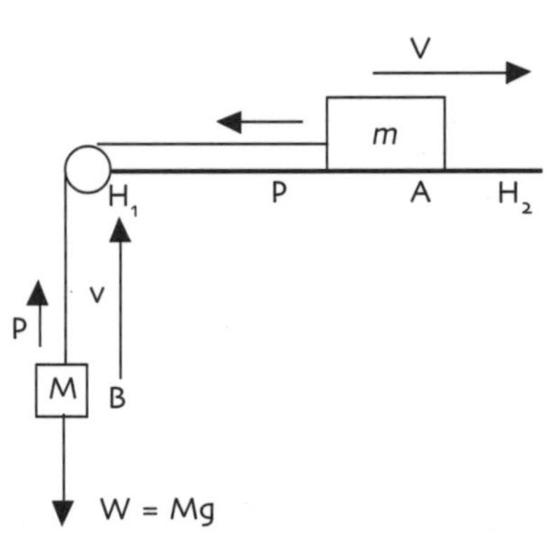

Fig. 2

Y puesto que ya hemos visto que un cuerpo de velocidad v y de aceleración hacia abajo g se eleva a la altura $\frac{v^2}{2g}$, es obvio que la altura máxima que el cuerpo B alcanzará será igual a v^2 dividida entre dos veces su aceleración, esto es,

$$h = \frac{v^2}{2g\left[\dfrac{M}{M+m}\right]}$$

o sea:
$$h = \frac{(M+m)\,v^2}{2g\,M}\;;$$

y multiplicando esta altura por el peso $W = Mg$, el efecto violento producido es

$$\frac{(M+m)\,v^2}{2} = \frac{1}{2}\,M\,v^2 + \frac{1}{2}\,mv^2$$

esto es, el efecto violento producido es igual a la suma de las "vis vivae" iniciales de B y de A. Puesto que el cuerpo B, con su "vis viva" $1/2\,Mv^2$, fue capaz de producir por sí mismo el efecto violento $1/2\,Mv^2$, podemos concluir que el cuerpo A, al consumir su "vis viva" $1/2\,mv^2$, contribuyó justamente esa cantidad para elevar el peso del cuerpo B.

V

Debemos ahora preguntarnos si es cierto o no que en todas las interacciones de los cuerpos se conserva la cantidad total de "vis viva". Y primero, adviértase que si esta "vis viva" pudiera aumentarse alguna vez, entonces el efecto podría ser más poderoso que la causa; es decir, el efecto podría producir su causa y algo más, lo cual nos llevaría al absurdo del movimiento mecánico perpetuo. Así que, por ejemplo, si los cuerpos pudieran aumentar su "vis viva" total por medio de un impacto, entonces los cuerpos que rebotan podrían usarse para elevar ciertos pesos; y esos pesos, al caer solamente una parte de la distancia a la cual fueron elevados, podrían restaurarle a los cuerpos su rapidez y su "vis viva" originales. Al hacer que los cuerpos choquen otra vez y reboten con una "vis viva" mayor se podrían usar para levantar a los pesos a mayor altura o para producir otros efectos como éstos; y así hasta el infinito, de manera tal que podrían producirse un número infinito de efectos mecánicos y finitos, sin deshacer aquellos efectos que se habían producido antes y sin derivar la fuerza de una fuente externa (ya que por "movimiento mecánico perpetuo" no quiero decir meramente que el movimiento persiste —el cual ciertamente, cuando se considera correctamente, es siempre el caso—, sino que se producen efectos violentos sin fin, sin debilitar la causa; y esto lo considero absurdo). Por tanto, concluimos que la "vis viva" no puede aumentarse[1]. Pero si la "vis viva" se

---

[1] A menos que se piense que estos argumentos no valen la pena, o que sean un mero juego de palabras, debo señalar que he pensado varias maneras por medio de las cuales la "vis viva" de un cuerpo puede, en la medida en que lo deseemos, transferirse a otro

pudiera disminuir finalmente, como consecuencia desaparecería completamente; ya que, como nunca podría aumentar y sin embargo podría disminuir, menguaría cada vez más, lo que, sin lugar a dudas, es contrario al orden de las cosas.

VI

Esta conclusión también está confirmada por los experimentos, y siempre encontraremos que, si los cuerpos convirtieran su movimiento horizontal en un movimiento ascendente, siempre podrían levantar el mismo peso a la misma altura antes o después del impacto, suponiendo que en el impacto las partes del cuerpo no absorbieron ninguna "vis viva" (esto es, asumiendo que los cuerpos son perfectamente elásticos) e ignorando cualquier absorción de "vis viva" que surja del roce con el medio o de cualquier otra circunstancia.

Para demostrar esto con un ejemplo, nos podemos referir de nuevo al caso que consideramos anteriormente, a saber: un impacto elástico de dos cuerpos, de masa 5 y 10, que se mueven en direcciones opuestas cada uno con una rapidez de 6. El resultado, de acuerdo a las reglas de los impactos fundadas en experimentos, fue que los cuerpos se moverían después en direcciones opuestas, con rapidez de 10 y de 2, respectivamente. Pero entonces, la "vis viva" antes del impacto era: $1/2$ x 5 x 6^2 + $1/2$ x 10 x 6^2 = $5/2$ x 36 + 5 x 36 = 90 + 180 = 270; y la "vis viva" después del impacto es: $1/2$ x 5 x 10^2 + $1/2$ x 10 x 2^2 = $5/2$ x 100 + 5 x 4 = 250 + + 20 = 270: por tanto, ambas son iguales.

VII

Pero voy a demostrar aquí que la conservación de la "vis viva" la podemos probar por medio de esas mismas reglas de impacto que la experiencia ha justificado. Reduciré todo a tres ecuaciones muy simples y que contienen la teoría completa del impacto central de los cuerpos en una y la misma línea recta. Pero, para evitar confusión, primero explicaré los símbolos que se han de usar. Los dos cuerpos se pueden identificar convenientemente con los índices 1 y 2; a sus masas las llamaré m_1 y m_2; a sus velocidades antes del impacto, u_1 y u_2; a las velocidades después del impacto, v_1 y v_2. Y por velocidad entiéndase no tan sólo la rapidez, sino también la dirección, seleccionando arbitrariamente una de las dos direcciones a lo largo de la línea recta como positiva y las velocidades en dirección contraria como negativas. De esta manera nos ahorramos la necesidad de especificar para cada caso cuándo

---

cuerpo que estuviera en reposo; y por este medio, si en alguna manera se pudiese aumentar la "vis viva', sería posible (con tal que se provea una fuerza inicial) lograr cualquier efecto mecánico deseado sin la ayuda de ninguna fuerza que provenga del agua, de los animales o de alguna otra causa.

es que deben sumarse o restarse las cantidades de movimiento o la rapidez. A continuación, nuestras tres ecuaciones:

1) *Ecuación lineal*, que expresa la conservación de la causa del impacto o la velocidad relativa:

$$u_2 - u_1 = v_1 - v_2,$$

donde $u_2 - u_1$, significa la velocidad relativa con la cual el cuerpo 2 se acerca al cuerpo 1 antes del impacto, y $v_1 - v_2$ significa la velocidad relativa con que el cuerpo 1 se aleja del cuerpo 2 después del impacto. Y esta velocidad relativa es siempre la misma, en cantidad, antes y después del impacto, suponiendo que los cuerpos son perfectamente elásticos, como lo establece la ecuación.

2) *Ecuación del plano*, que expresa la conservación del *momentum* total o común de los dos cuerpos:

$$m_1 u_1 + m_2 u_2 = m_1 v_1 + m_2 v_2,$$

3) *Ecuación del espacio*, que expresa la conservación o la "vis viva" total o absoluta de los dos cuerpos:

$$1/2 \ m_1 u_1^2 + 1/2 \ m_2 u_2^2 = 1/2 \ m_1 v_1^2 + 1/2 \ m_2 v_2^2$$

Esta ecuación tiene la ventaja de destruir todas las variaciones de signos que puedan surgir de las diversas direcciones de las velocidades u_1, u_2, v_1, v_2, por el hecho de que todas las letras que expresan las velocidades van al cuadrado. Las diversas direcciones de las velocidades producen el mismo resultado, ya que $(-x)$ y $(+x)$ tienen el mismo cuadrado, x^2. Y es también por esa razón que esta ecuación proporciona algo absoluto, independientemente de las velocidades relativas o de las direcciones del movimiento. El problema aquí consiste únicamente en estimar la masa y la rapidez de los cuerpos sin que nos preocupe la dirección que la rapidez pueda tener, y es esto lo que satisface a la vez la rigurosidad de los matemáticos y el anhelo de los filósofos —los experimentos y las razones derivadas de varios principios.

Aunque elijo estas tres ecuaciones juntas por amor a la belleza y a la armonía, no obstante, dos de ellas serían suficientes para satisfacer nuestras necesidades, ya que tomando cualquiera de estas dos podemos deducir la restante.

....

VIII

Añadiría únicamente una nueva observación, a saber: que muchos distinguen entre los cuerpos duros y los cuerpos blandos, y aun entre los cuerpos duros establecen diferencias, clasificándolos como elásticos o no elásticos, y sobre lo cual se establecen diferentes reglas. Los cuerpos blandos no conservan su velocidad relativa en el impacto y, por tanto, después del

Antes del impacto

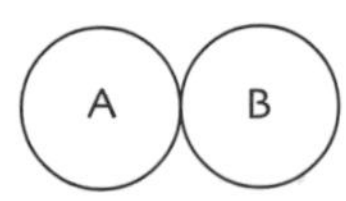

Después del impacto

Fig. 3

impacto tienen menos "vis viva" que antes. Se espera que los cuerpos duros, si son elásticos, se doblen y cedan en el choque, y que, entonces, recobren su forma cada uno, alterando el movimiento del otro gradualmente hasta que se separan con las velocidades que obtenemos de las reglas anteriores; por otro lado, si no son elásticos, los cuerpos no ceden, sino que, en el instante del contacto, las velocidades finales alteran el movimiento de repente, como si fuera instantáneamente.

Pero, según mi opinión, debemos considerar los cuerpos, por naturaleza, como *duros y elásticos* a la vez, y en lo que concierne a la causa de esta elasticidad, ésta puede muy bien derivarse de algún fluido sutil y penetrante, cuyo movimiento esté perturbado por la tensión o comprensión de los cuerpos. Y como este fluido debe componerse a su vez de pequeños cuerpos sólidos, elásticos entre sí, vemos bien que esta repetición de los sólidos y los fluidos continúa *ad infinitum.* Ahora, esta elasticidad de los cuerpos es necesaria para la Naturaleza, con el fin de obtener la realización de leyes magníficas bellas que su Autor, infinitamente sabio, ha propuesto, y entre las cuales no son las menos importantes estas dos leyes de la naturaleza que formulé yo por primera vez: la primera es *la ley de la conservación de la "vis viva"* en el universo y la segunda es *la ley de la continuidad,* en virtud de la cual, entre otros efectos, todo cambio finito debe ocurrir a través de cambios de cantidades inapreciables y nunca en grandes cantidades o dando saltos. Y esta es la razón por la cual la Naturaleza no tolera los cuerpos duros y no elásticos. Porque debemos saber que, si los cuerpos A y B se encuentran y vienen al sitio del impacto, ahí ellos se comprimen gradualmente, al igual que dos bolas infladas, y se acercan más y más uno al otro por la presión que aumenta continuamente; y que, debido a esto, el movimiento mismo se debilita, la fuerza del esfuerzo se transmite a la elasticidad de los cuerpos, hasta que al fin llegan al reposo; pero a la larga, la elasticidad de los cuerpos hace que recobren su forma original y se separan rebotando con un movimiento retrógrado que comienza nuevamente desde el reposo y que va aumentando continuamente. Finalmente, los cuerpos retroceden el uno del otro con la misma rapidez con que se acercaron el uno al otro, pero en dirección opuesta, y regresan a las posiciones que coinciden con sus posiciones originales.

Lo expuesto arriba se aplica específicamente, por supuesto, a los cuerpos de igual masa y de igual rapidez; pero los otros casos son fundamentalmente semejantes. Y así es evidente el por qué no ocurre ningún cambio brusco, sino que el movimiento disminuye gradualmente y a la larga llega al reposo; entonces, finalmente, sobreviene el rebote. Así que, al igual que la figura de un cuerpo no cambia (como, por ejemplo, de un círculo a un óvalo), a menos que no pase por un sinnúmero de figuras intermedias, ni tampoco se puede pasar de un sitio a otro o de un tiempo a otro tiempo, a menos que no se pase a través de todos los sitios y de todos los tiempos intermedios, así tampoco el movimiento de un cuerpo se puede cambiar a reposo, y mucho menos a un movimiento contrario, a menos que no pase a través de todos los grados intermedios de movimiento. Y como este principio es de tan gran alcance en la Naturaleza, me extraña que se le dé tan poca atención. De estas consideraciones se obtiene lo que Descartes atacó en sus cartas y lo que algunos hombres célebres del presente están poco dispuestos a admitir, a saber: que *todo rebote proviene de la elasticidad*; razón para esto es que muchos experimentos notables indican que *un cuerpo se deforma antes de rebotar*, como Mariotte demostró tan claramente. Finalmente, ese principio tan maravilloso proviene de estas consideraciones: que ningún cuerpo es tan pobre que no tenga elasticidad y, por tanto, hay esparcido en él un fluido aún más sutil.

Pero es necesario admitir que, aunque los cuerpos deben ser elásticos por naturaleza, en el sentido que acabo de explicar, no obstante la elasticidad a menudo parece ser insuficiente en los cuerpos que empleamos, de tal manera que, en los impactos de tales cuerpos, el movimiento o, más bien, la "vis viva", parece disminuir o destruirse enteramente, a saber: en los cuerpos blandos, o en aquellos que ceden sin recobrarse suficientemente. Pero debemos concebir que esos cuerpos se componen de partes elásticas y que se parecen a un saco lleno de bolas duras que ceden a un impacto moderado sin rebotar hacia atrás. La explicación es que las partes no están lo suficientemente unidas para transferir por completo su cambio hacia atrás. Por consiguiente, en el impacto de tales cuerpos, las pequeñas partes que componen el cuerpo absorben parte de la "vis viva", sin que esta "vis viva" sea devuelta al todo; y esto debe suceder siempre que el cuerpo comprimido no recobre su forma perfectamente. También sucede que un cuerpo parece ser más o menos elástico de acuerdo a las diferentes maneras del impacto; por ejemplo, el agua, que cede a una impresión moderada y sin embargo hace que una bola de cañón rebote.

Ahora, cuando las partes de los cuerpos absorben toda la "vis viva" del impacto, como cuando dos pedazos de tierra o de barro se juntan o, en parte, como cuando dos bolas de madera se encuentran, las cuales son mucho menos elásticas que dos globos de acero templado; cuando, repito, las partes absorben alguna de la "vis viva", ésta puede darse por perdida con relación a la fuerza absoluta y a la velocidad relativa; es decir, la tercera y la primera ecuación no se satisfacen, ya que la "vis viva" que queda después del impacto se ha vuelto menor, debido a que parte de la "vis viva" se ha ido a otro sitio. Pero la conservación del *momentum*, esto es, la segunda ecuación no nos interesa aquí. Y este *momentum* total permanece constante aun cuando los dos cuerpos siguen juntos después del impacto con una velocidad común, como lo hacen dos bolas de tierra o de barro. Pero en algunos cuerpos semielásticos, como dos bolas de madera, sucede que los dos cuerpos se separarán después del impacto, aunque con una disminución de sus velocidades relativas (primera ecuación) siendo impulsados por la fuerza del impacto que no ha sido absorbida. Y como consecuencia de ciertos experimentos que tratan sobre el grado de elasticidad de la madera, podemos predecir lo que sucederá a las bolas que están hechas de la misma madera en cualquier clase de colisión o impacto. Pero la disminución de la "vis viva" total, o el que la tercera ecuación falle, no se debe considerar como que le quita mérito a la verdad inviolable de la ley de la conservación de la "vis viva" en el mundo. Ya que lo que las partes minúsculas absorben no se pierde absolutamente para el universo aunque los cuerpos que chocan hayan disminuido su "vis viva" total.

NOTAS SOBRE TRABAJO Y ENERGÍA ✢

1. En la selección que antecede, el término "fuerza" ha sido aplicado a dos conceptos diferentes, a saber: 1) el concepto de una agencia o causa que tiende a producir un cambio en el movimiento de un cuerpo, el cual Newton llama "una fuerza impresa" (y una "fuerza motriz" cuando se mide por la *razón de cambio* en la cantidad de movimiento que tiende a producir), y 2) el concepto de cierta actividad o potencia que es una propiedad que un sistema de cuerpos posee en virtud de sus movimientos.

En el desarrollo de la mecánica, esta ambigüedad en el uso del término "fuerza" persistió cerca de dos siglos. Frecuentemente, los dos conceptos se diferenciaban por medio de adjetivos de la siguiente manera: cuando se referían al concepto de Newton se usaban los términos "fuerza motriz" o "presión" (o fuerza que presiona); los seguidores de Leibniz designaban la otra concepción por el término "vis viva", o sea, "fuerza viva".

Gradualmente, en el curso de este desarrollo se usaba cada vez con mayor frecuencia el término "fuerza" (sin adjetivo) cuando se refería a la fuerza motriz de Newton; y, por tanto, siguiendo la sugestión que Thomas Young hizo en 1807, se hizo usual entre los físicos, especialmente en la segunda mitad del siglo XIX, designar el concepto de Leibniz con un término completamente distinto, a saber: "energía" o, con mayor precisión, energía de movimiento, o *energía cinética*.

2. De acuerdo con Leibniz, la energía de un cuerpo ha de ser medida por la cantidad del "efecto violento" que el cuerpo es capaz de producir. Es decir, al producir un "efecto violento" un cuerpo pierde energía, y la cantidad de energía perdida es, por definición, igual a la magnitud del "efecto violento" producido. Hoy día, el "efecto violento" se conoce con el nombre de "trabajo" o, con mayor precisión, "trabajo realizado".

Pero aquí surge una cuestión importante: ¿cómo determinaremos, en general, el "efecto violento" o la cantidad de "trabajo" hecho? Por definición, el "trabajo" hecho es cuantitativamente igual a la cantidad de energía consumida por el cuerpo. Pero, el decir meramente que la cantidad de trabajo hecho es igual a la cantidad de energía consumida, hace del concepto de trabajo una mera tautología. Si el concepto de trabajo ha de

---

* Versión revisada y actualizada extraída de *Selección de Textos de Ciencias Físicas;* Editorial de la Universidad de Puerto Rico, 14 ed., 2003.

servir algún propósito útil, debemos tener un método independiente para determinar el trabajo hecho.

Leibniz nos ofrece un medio para determinar el trabajo hecho en el caso especial en el que se levanta una pesa. En realidad, él utilizó el "trabajo" hecho, o el "efecto violento" al levantar una pesa, como un medio para determinar la expresión apropiada para "vis viva" o "energía cinética" de un cuerpo en términos de su masa y de su velocidad. En este caso particular, él usó este procedimiento, puesto que así pudo determinar la expresión apropiada para el "efecto violento" de una manera más convincente que la expresión para "vis viva". (Como hemos visto, al calcular el "efecto violento" al subir una pesa como igual a W x h o Mgh, y su equivalencia, por definición, a la "vis viva" utilizada al producir este efecto violento, Leibniz pudo demostrar que la "vis viva" o la energía cinética de un cuerpo es igual a $1/2\ mv^2$).

Pero, ¿cómo definiremos el trabajo hecho cuando la energía cinética de un cuerpo no es el resultado de haberlo elevado, por ejemplo, cuando el cuerpo utiliza su energía cinética en producir la deformación de otro cuerpo, o en impartirle movimiento, o en ambas cosas, según podría ocurrir en un choque?

La derivación de la expresión general del trabajo hecho por un cuerpo en movimiento al utilizar su energía requiere el uso del cálculo. Simplifiquemos el problema al deducir la expresión y restrinjámonos al caso especial en el cual el cuerpo en movimiento sufre una deceleración uniforme y en el cual esta deceleración ocurre a lo largo de la línea de movimiento del cuerpo; es decir, en la cual la fuerza que produce la deceleración es constante en magnitud y en dirección y actúa en dirección opuesta al movimiento del cuerpo.

Haremos uso del mismo procedimiento utilizado por Leibniz, pero esta vez a la inversa. Es decir, puesto que lo que conocemos es la expresión de la energía cinética de un cuerpo, $1/2\ mv^2$, o la pérdida de la energía cinética, $1/2\ m_1v_1{}^2 - 1/2\ mv_2{}^2$, uno puede usar este conocimiento para determinar la expresión apropiada para el trabajo hecho como resultado de esta pérdida de energía cinética.

Supongamos que un cuerpo A, de masa m, se desliza sobre una superficie horizontal y choca con el cuerpo B, y que durante el choque la velocidad de A se reduce de v_1, la velocidad antes del choque, a v_2, la velocidad de A inmediatamente después del choque. Supongamos, además, que la fuerza neta, F', actúa en el cuerpo A en dirección opuesta a la dirección del movimiento de A y que el valor de dicha fuerza es constante a través de la distancia s, a través de la cual actúa la fuerza.

Nuestro problema consiste en determinar la expresión matemática adecuada para calcular el *trabajo hecho por A* durante el choque, expresándolo en términos de: 1) la fuerza que produce los "efectos violentos", es decir, la fuerza ejercida por A sobre todo lo que se oponga a su movimiento; y 2) la distancia a través de la cual la fuerza actúa, basando nuestra derivación en la igualdad que existe, por definición, entre el trabajo hecho por A y la energía que A consume al hacer dicho trabajo.

De nuestra definición de energía cinética de un cuerpo tenemos:

Energía cinética perdida por $A = 1/2\, mv_1^2 - 1/2\, mv_2^2$

Pero $1/2\, mv_1^2 - 1/2\, mv_2^2 = 1/2\, m\,(v_1^2 - v_2^2)$

$$= -\,1/2\, m\,(v_2^2 - v_1^2)$$

$$= -m\left[\frac{(v_2 - v_1)}{t}\right] \cdot \left[\frac{(v_2 + v_1)}{2}\, t\right]$$

$$= -\,m\,(a)\,(s)$$

$$= -\,F'\,x\,\,s$$

donde –F' es la fuerza neta que actúa sobre A, en dirección opuesta al movimiento del cuerpo, y *s* es la distancia a través de la cual actúa la fuerza.

Pero, utilizando la tercera ley de Newton, la fuerza neta ejercida sobre A, opuesta a la dirección de su movimiento, considerando, por ejemplo, la fuerza ejercida por B sobre A durante el choque, la fuerza de roce ejercida por la superficie sobre la cual se desliza el cuerpo A, la fuerza del roce del aire ejercida sobre el cuerpo A, etc., debe ser igual y opuesta en dirección a la fuerza total ejercida por A sobre los cuerpos que se oponen a su movimiento.

Es decir,

–F' (la fuerza neta que actúa sobre A opuesta a la dirección de su movimiento). = F (la fuerza total ejercida por A en dirección a su movimiento sobre cuerpos que se opongan a su movimiento).

Por tanto, E C (perdida por A) = F x *s*.

donde F es la fuerza ejercida por A en la dirección de su movimiento sobre los cuerpos que se opongan a ese movimiento, y s es la distancia sobre la cual la fuerza actúa.

Es decir, el trabajo hecho por el cuerpo que se mueve, expresado en términos de la fuerza que él ejerce sobre otros cuerpos, al consumir su energía, y la distancia a través de la cual esta fuerza actúa, se obtiene mediante el producto de *fuerza ejercida por el cuerpo en movimiento* (en la dirección de su movimiento) *y la distancia a través de la cual la fuerza actúa;* es decir, Trabajo = F x *s* (a lo largo del desplazamiento) y donde el trabajo hecho es igual, por definición, a la pérdida de la energía cinética del cuerpo que efectúa el trabajo.

Aunque en nuestro ejemplo, para evitar la necesidad de utilizar cálculo y vectores, hemos supuesto que la fuerza neta que actúa sobre A es constante y actúa a lo largo del movimiento de A, pero en dirección opuesta, deberá estar claro que, en cualquier caso, es solamente aquella parte de la fuerza que actúa directamente en contra de la dirección del cuerpo en movimiento la que contribuye a reducir la velocidad y, por tanto, la energía cinética del cuerpo en movimiento.

En consecuencia, la fuerza a la cual se refiere nuestra expresión de trabajo deberá ser la fuerza ejercida por el cuerpo en la dirección de su movimiento, puesto que dicha fuerza deberá ser igual en valor y opuesta en dirección a la fuerza que produce la reducción en la velocidad del cuerpo.

Es decir, el trabajo hecho por un cuerpo es en general igual al *producto de la fuerza ejercida por el cuerpo en la misma dirección que su movimiento y la distancia a través de la cual esta fuerza actúa* o, expresado en otra forma: el trabajo efectuado por un cuerpo es igual al producto de la fuerza ejercida por el cuerpo y la distancia cubierta en la misma dirección de la fuerza.

Vale la pena recordar que cuando un cuerpo en movimiento consume su energía al producir varios "efectos violentos" simultáneamente, el trabajo total efectuado por dicho cuerpo se puede determinar, o bien considerando el trabajo hecho por la fuerza total ejercida por dicho cuerpo en la dirección de su movimiento, o bien considerando, por separado, el trabajo hecho por cada una de las fuerzas que actúan y sumarlos luego.

3. Antes de proceder con la discusión teórica, está en orden el que digamos unas palabras en relación con las unidades en que el trabajo y la energía se miden. Las unidades de trabajo, que son las mismas que las unidades de energía, se componen de las unidades de fuerza y de las unidades de distancia, de igual manera que las unidades de la rapidez están compuestas de las unidades de distancia y de tiempo. Así, en el sistema cegesimal (c. g. s.), en el cual las fuerzas se miden en dinas y las distancias en centímetros, el trabajo y la energía se miden en *dinas-centímetros* (dina-cm.). A una dina-cm. se le llama también *un ergio*.

Por ejemplo, si un cuerpo que pesa 100 gramos de fuerza, es decir, 98,000 dinas, se eleva a una distancia de 10 cm, se habrá hecho un trabajo contra la gravedad de 980,000 dinas-cm o 980,000 ergios. Si el cuerpo se elevó por sí mismo agotando su propio movimiento, y si se pudieran descartar otras fuerzas como la resistencia que ofrece el aire y otras fuerzas de roce, entonces el cuerpo *habrá* perdido 980,000 ergios de energía cinética.

PREGUNTA: Si tomamos en consideración que cuando un cuerpo se mueve por el aire, éste siempre ofrece alguna resistencia, ¿la energía cinética que el cuerpo pierde es mayor o menor de 980,000 ergios?

El ergio es una cantidad muy pequeña en relación con las cantidades envueltas en los procesos mecánicos ordinarios. Un mosquito pesa, quizás, cerca de una dina y, por tanto, un ergio es aproximadamente el trabajo que se hace al levantar un mosquito una distancia de un centímetro. Frecuentemente se usa —por conveniencia— una unidad mucho mayor, el *julio*, que se define como igual a 10 millones de ergios; 1 julio = 10^7 ergios.

También se emplea el *kilogramo-metro*, igual al trabajo que se hace al elevar un peso de un kilogramo (1.000 gramos), a una altura de un metro (100 cms): 1 Kg m = (1,000 x 980 dinas) (100 cm) = 98,000,000 ergios = 9.8 X 10^7 ergios = 9.8 julios.

De igual manera, en el sistema inglés, en el cual las fuerzas se miden en *poundals*, y las distancias en pies, el *pie-poundal* es una unidad de trabajo. Un *pie-poundal* es el trabajo que hay que hacer para elevar un objeto que pesa un *poundal* (1/32 de una libra de fuerza, aproximadamente) a una altura de un pie. Otra unidad de trabajo y energía es el *libra-pie* que se compone de la *libra de fuerza* y el *pie*. Una libra de fuerza, recordarán ustedes, es igual a *g poundals*, donde *g* (la aceleración de gravedad) tiene un valor de 32 pies por segundo en cada segundo. Así, pues, un *libra-pie* = 32 *pie-poundals*, aproximadamente.[1]

Ejemplo: Un camión que pesa dos toneladas (4,000 libras) sube una cuesta de 500 pies con una rapidez uniforme, subiendo 6" verticalmente por cada 25 pies a lo largo de la cuesta. Una fuerza de 40 libras debida al roce se opone a su movimiento. ¿Cuánto trabajo ha hecho el motor al mover el camión hasta la cima de la cuesta?

El trabajo que se hace en contra de la gravedad envuelve el levantar 4,000 libras a través de una altura vertical de 10 pies; así pues, 4,000 x 10 = 40,000 libra-pies. El trabajo hecho en contra del roce, puesto que la fuerza de roce actúa a lo largo de la cuesta, es igual a la fuerza de roce multiplicada por el largo de la cuesta, 40 x 500 = 20,000 libra-pies. El trabajo total es 60,000 libra-pies.

4. Leibniz afirma que debe haber una ley general de conservación para la cantidad de energía. Desde luego, Leibniz mismo cita un ejemplo aparentemente a favor de lo contrario, a saber: impactos no elásticos en los cuales la energía cinética aparenta disminuir. La explicación que Leibniz propone, que esta energía la "absorben" las partículas diminutas de los cuerpos (que quizás vibran de alguna manera sin que haya un movimiento neto de la totalidad del cuerpo), escasamente se puede considerar como algo más que hipotético y tentativo. De cualquier manera, el "destino", si es que lo hay, de la energía cinética que parece perderse, tendrá que dejarse abierto en el presente.

Pero hay un caso en el cual la energía cinética puede disminuir (o aumentar) sin producir algún cambio real en la "capacidad total para producir efectos" de un sistema de cuerpos; y la consideración de este problema completará nuestra discusión teórica general de la energía mecánica.

Para coger primero un ejemplo concreto, supongamos que una piedra se lanza directamente hacia arriba, en el aire. Inicialmente se le imparte a la piedra cierta rapidez *v* y, por consiguiente, también se le imparte cierta energía cinética (no nos planteamos aquí el problema de dónde viene la

---

[1] Un animal o máquina que pueda hacer 33,000 libra-pies de trabajo en un minuto está trabajando a razón de un *caballo de fuerza*.

energía); y, a medida que la piedra sube, su rapidez y su energía cinética disminuyen. De hecho, sabemos que cada vez que la piedra, de masa m, sube a una altura h, en contra de la fuerza de gravedad, su energía cinética disminuye en la cantidad mgh y, cuando la piedra haya subido a una altura H, de tal suerte que mgH sea igual a la energía cinética inicial $1/2\ mv^2$, esto es, una altura H igual a $\frac{v^2}{2g}$, entonces toda la energía cinética de la piedra se habrá perdido y la piedra estará en reposo por un instante, antes de comenzar a caer nuevamente. ¿Qué diremos de la energía de la piedra en este instante? Desde luego, su energía cinética o energía de movimiento es cero, puesto que su rapidez es cero. Y, sin embargo, después de todo, sabemos que, al caer nuevamente hacia abajo, la piedra es capaz de adquirir de nuevo precisamente aquella rapidez y energía cinética con las que comenzó su movimiento. Aparentemente hay una justificación para reclamar que la "fuerza" o "actividad" o "capacidad para producir efectos" en realidad no ha disminuido en absoluto.

Otro ejemplo lo tenemos en la discusión de Leibniz sobre la "elasticidad" de los cuerpos en impactos. Si los cuerpos A y B son, según asume Leibniz, iguales en masa, e inicialmente están dotados de igual rapidez, pero en dirección opuesta, entonces, en el punto de deformación máxima de los cuerpos que chocan, cada cuerpo estará en reposo; y, sin embargo, si asumimos que los cuerpos son perfectamente elásticos, no habrá pérdida de energía, puesto que son capaces, *sencillamente en virtud de la compresión* que sufren, de separarse en el rebote cada uno con rapidez igual a la inicial.

Claramente el concepto que se indica aquí es el de una clase de energía que un sistema de cuerpos posee, no en virtud de los movimientos de los cuerpos, sino debido a la *capacidad* o *potencialidad* de los cuerpos en el sistema para adquirir movimiento. En el caso de la piedra que se lanza hacia arriba, esta capacidad surge del hecho de que la piedra se lleva sobre la superficie de la tierra y puede caer; en el caso de los choques entre cuerpos elásticos, su capacidad de adquirir movimiento después del choque surge del hecho de que los cuerpos sufren una deformación en el choque y pueden adquirir nuevamente sus formas originales. En cualquiera de los dos casos la potencialidad del movimiento surge de la configuración del sistema, es decir, las relaciones de espacio entre las partes del sistema. Esta potencialidad para adquirir movimiento o energía cinética se llama *energía potencial* y frecuentemente uno se refiere a ella como energía de posición o configuración.

Si la energía potencial se puede definir cuantitativamente para una clase especial de sistema mecánico, de tal suerte que cualquier disminución en la energía cinética del sistema se acompañe por un aumento exactamente igual en la energía potencial del sistema y *viceversa*, entonces el sistema será uno en el que algo se mantiene siempre sin cambiar a medida que las partes del sistema varían su movimiento y su posición. Este algo será la *energía total del sistema* (E), la suma de las energías cinética (EC) y potencial (EP); por tanto, E = EC + EP = constante. Por otro lado, hay sistemas mecánicos, tales como los choques de cuerpos blandos, según Leibniz señala, en los cuales la pérdida de la energía cinética no resulta en una configuración del sistema que restaura luego a los objetos que chocan toda la energía cinética perdida. Aparentemente, la energía total no se conserva.

El disco del péndulo, asumiendo que sobre él sólo actúe la fuerza de gravedad y que la resistencia del aire y el roce en los puntos de apoyo pueda ser descartada, constituye un sistema en el cual se conserva la energía. En ese caso la energía potencial que el disco adquiere, a medida que sube a través de una altura $h = \frac{v^2}{2g}$ sobre el punto más bajo, es mgh y esto es igual a la pérdida en la energía cinética, $1/2\ mv^2$. Si se define la energía potencial del disco como mgh, entonces se puede considerar que la pérdida en la energía cinética se compensa a cabalidad con el aumento en la energía potencial mgh, puesto que $mgh = mg\,\frac{v^2}{2g} = 1/2\ mv^2$. Esto le da una formulación precisa a nuestra noción intuitiva de que "la capacidad para producir efectos" se conserva en un sistema mecánico en el cual no haya roce.

Extendiendo estas ideas, de una manera general, a impactos perfectamente elásticos, diríamos que, en el instante en que dos cuerpos que chocan se detienen y están por rebotar, su energía cinética es cero y su energía potencial elástica total tiene el mismo valor que *(a)* la energía cinética que poseían antes del impacto y *(b)* la energía cinética que tendrán después del rebote.

Finalmente, note que, en un sistema en el cual la energía se conserva, cualquier trabajo que el sistema haga, en contra de las fuerzas que actúan en los cuerpos del sistema, está acompañado por un aumento en la energía potencial igual al trabajo hecho; mientras que en un sistema en el que no se conserva la energía, el aumento en energía potencial será menor que el trabajo hecho. Puesto que la pérdida en energía cinética es igual al trabajo hecho, la energía total disminuirá en el último caso.

Es importante insistir que el concepto de energía potencial se puede considerar como que expresa, no una mera abstracción matemática, sino una propiedad verdadera y real de los cuerpos. Un muelle, un *spring* de reloj, un arco, una ratonera, todos constituyen en cierto sentido una fuente de energía cuyo sentido no requiere comentario.

Finalmente, se debe llamar la atención una vez más a la circunstancia de que los conceptos que aquí se exponen no son suficientes, en todos los casos, para expresar el principio general de Leibniz de la conservación de la fuerza absoluta o energía, puesto que las condiciones bajo las cuales uno puede introducir el concepto de energía potencial de un sistema no están satisfechas por todos los sistemas físicos. Aquí no hemos visto si la energía se puede conservar en todos los sistemas que no satisfacen estas condiciones, ni cómo podría esto hacerse. Un ejemplo de estos sistemas es un choque entre un par de cuerpos no elásticos.

EL EQUIVALENTE
MECÁNICO DEL CALOR[*][**]

JAMES PRESCOTT JOULE

> "El calor consiste en la agitación muy intensa de las partes imperceptibles de los cuerpos que producen en nosotros aquella sensación por la que decimos que un cuerpo está caliente; de suerte que lo que para nosotros es calor, para el cuerpo no es sino movimiento."—*Locçe.*

> "La energía de un móvil es proporcional al cuadrado de su velocidad o bien a la altura que alcanzaría contra la gravedad."—*Leibniz.*

El título de esta importante labor científica es literal. En una breve exposición, veremos como este extraordinario experimentador (*inmejorable*, según la opinión de muchos) llega a traducir el trabajo mecánico en unidades de calor.

Joule se refiere a los trabajos de Rumford donde se utilizó un taladro de hierro para perforar un cañón; ambos, taladro y cañón , se encontraban rodeados de agua dentro de una vasija de madera. Se observó que, a medida que se adelantaba en la perforación del cañón, el agua se iba calentando hasta que finalmente hirvió. Según Joule, se le ha prestado poca atención a la parte del trabajo de Rumford en donde él hace un cálculo aproximado de la cantidad de trabajo necesario para producir cierta cantidad de calor.

Joule señala que Rumford encontró que la cantidad de agua a punto de congelarse que puede ser calentada a 180 ° F, o hervir con el calor generado por fricción y acumulado durante dos horas con treinta minutos, es 26.58 libras. Continúa diciendo que el equipo utilizado podría fácilmente ser operado por la fuerza de un caballo. La potencia de un caballo, según Watt, es 33,000 libra-pies por minuto. Por tanto, concluye Joule, en dos

---

* Adaptación del *Philosophica1 Transactions of the Royal Society (London)*, 1850. Part. I. Traducción de la versión que aparece en el *Syllabus* de la Universidad de Chicago para el curso Physical Sciences, 105-108.

** Versión revisada y actualizada extraída de *Selección de Textos de Ciencias Físicas;* Editorial de la Universidad de Puerto Rico, 14 ed., 2003.

horas treinta minutos tendríamos 4,950,000 libra-pies equivalentes a los 26.58 libras de agua cuya temperatura haya sido elevada a 180º F. Por tanto, para cada una de las libras de agua a 1º F, serían necesarios 1,034 libra-pies. Este resultado no difiere mucho del obtenido por Joule, dadas las circunstancias del experimento de Rumford.

La figura que aparece en la Guía de Estudio ilustra el aparato que utilizó Joule para sus experimentos. A ambos lados del recipiente C, se cuelgan pesas de plomo, las cuales pueden caer al suelo una vez se desenrollen de un torno en la parte de arriba del recipiente. Dentro del recipiente con líquido, una rueda de paletas volteaba generando así la fricción que aumentaba el calor dentro del líquido. Otros detalles, como las paredes de madera para evitar la interferencia del calor por radiación del cuerpo del experimentador, las lecturas en los termómetros y aún la misma precisión de éstos, se detallan en la lectura. Léalos y analícelos con atención como otro excelente ejemplo de la **sistematicidad** en la investigación científica.

Si se determinan las pesas y la altura a través de la cual caen, puede calcularse el trabajo realizado (peso x altura). La fricción calienta al líquido y al envase. Si se mide el incremento de temperatura y se determinan los calores específicos y las masas de los líquidos, de la rueda de paletas y de la vasija, se puede calcular entonces el calor producido. Por tanto, se puede determinar la equivalencia entre calor y trabajo.

En una serie clásica de experimentos de fricción, el incremento promedio en temperatura fue 0.575250º F. Pero la temperatura media del instrumento en los experimentos era más baja que la temperatura del laboratorio, de manera que parte del aumento en temperatura se debió al calor que pasó del medio ambiente al aparato. En los experimentos en que la paleta se encontraba en reposo (experimentos de radiación), se observó un aumento en temperatura de 0.012975º F. Ahora bien, sabemos que el calor que la atmósfera comunica en un tiempo dado es proporcional a la diferencia media en temperatura entre la atmósfera y el recipiente. Ya que esta diferencia en temperatura fue casi la misma para ambas series de experimentos, el aumento en temperatura observado en los experimentos de fricción fue de 0.563209º F, debido al trabajo hecho en el agua, y 0.012041º F, debido a la radiación.

El calorímetro era de cobre y sabemos que 1 grano (igual a 1/7,000 libras) de cobre, al ser sometido a un aumento cualquiera en temperatura, absorbe tanto calor como 0.09515 granos de agua. Su masa será de 25,541 granos. Por tanto, su equivalente en agua era 25,541 x 0.09515 = 2430.2 granos. Un cálculo similar se llevó a cabo para el contenido del recipiente (tal como agua, rueda de paletas, tapa). Todo junto equivalía a 97,470.2 granos de agua.

Los pesos fueron 406, 152 granos, pero no todo este peso se utilizaba para mover la rueda de paletas. Parte se empleaba en doblar el cordón alrededor de las ruedas de las poleas y para mover las ruedas. Otro experimento se llevó a cabo para calcular la cantidad que debió deducirse debido a esto, y se encontró que era 2,837 granos. El peso efectivo fue, por tanto 403,315 granos. Pero el trabajo comunicado al aparato fue algo menor que el producto del peso efectivo por la altura, ya que las pesas se movían con una velocidad de 2.42 pulgadas por segundo cuando tocaron el piso. Adquirirían una velocidad de 2.42 pulgadas por segundo si cayesen libremente a través de 0.0076 pulgadas. Por tanto, esta distancia se debe restar de la altura observada desde la que caen las pesas para calcular el trabajo comunicado a la rueda de paletas. La altura observada fue de 63.024 pulgadas y, ya que las pesas se dejaron caer 20 veces para cada experimento, la caída total fue de 20 x (63.0124 – 0.0076) pulgadas, en otras palabras, 1260.096 pulgadas. Multiplicando el peso correcto, arriba mencionado, por la altura corregida y reduciendo el resultado a libra-pies, se encontró que el trabajo realizado fue de 6050.186 libra-pies. Pero Joule reconoció la necesidad de otra corrección. Observó que, después que las pesas llegaran al piso, se efectuaba un poco más de trabajo sobre la rueda de paletas. Mientras las pesas caían, la cuerda que las sostenía se mantenía tensa y, cuando las pesas llegaban al piso, la cuerda perdía tensión y se contraía, haciendo así trabajo sobre las paletas. Joule calculó esta corrección y encontró que era de 16.928 libra–pies y lo añadió al valor previamente corregido, obteniendo 6067.114 libra–pies.

El calor producido aumentó la temperatura de 97470.2 gramos de agua por 0.563209° F; por tanto, aumentaría la temperatura de 7.842299 libras de agua por 1° F. Para producir este calor, son necesarias 6067.114 libra–pies de trabajo.

Por tanto, dividiendo 6067.114 entre 7.842299, encontramos que 773.64 libra–pies sería el trabajo equivalente para elevar en 1° F la temperatura de una libra de agua por fricción.

En los experimentos adicionales, los resultados obtenidos por Joule no difieren significativamente del anterior valor. **Tampoco se encontró diferencia significativa en trabajos posteriores modernos.**

Por último, el resultado preferido por Joule, 772 libra-pies/ BTU[2] se convierte, en otras unidades, a, por ejemplo, 41,800.000 ergios/caloría[3], o sea, en 4.18×10^7 ergios/caloría. En honor a James Prescott Joule, se le llamó 1 Joule (1 Julio) a 10^7 ergios, por lo que el equivalente mecánico del calor se puede escribir como:

4.18 Julios/ caloría

---

[2] BTU: Unidades termales británicas. 1BTU es la cantidad de calor necesaria para subir la temperatura de 1 lb. de agua 1°F.

[3] Caloría: La cantidad de calor necesaria para elevar en 1°C la temperatura de un gramo de agua.

Conclusiones.—La siguiente tabla contiene un resumen de los equivalentes obtenidos en los experimentos arriba mencionados. En la cuarta columna se encuentran los resultados con las correcciones necesarias para reducirlas al vacío.

Número de Series	Material Utilizado	Equivalente en aire	Equivalente en el vacío	Promedio
1	agua	773.640	772.692	
				772.692
2	mercurio	773.762	772.814	
				774.083
3	mercurio	776.303	775.352	
4	hierro colado	776.997	776.045	774.987
5	hierro colado	774.880	773.930	

Es muy probable que el equivalente obtenido con hierro colado fue ligeramente elevado por el desgaste de las partículas metálicas durante la fricción, lo que no podría ocurrir sin la absorción de cierta cantidad de fuerza para contrarrestar las fuerzas de cohesión. Ya que la cantidad desprendida no fue lo suficientemente grande para ser pesada al terminar los experimentos, el error cometido no puede ser de mucho alcance. Considero que 772.692 libra-pies, equivalente obtenido por fricción en agua, es el más correcto, debido al número de experimentos realizados y a la gran capacidad del aparato para el calor.

Ya que aun en la fricción de fluido fue completamente imposible evitar la vibración y la producción de sonido, es probable que este número sea ligeramente excesivo. Por tanto, concluyo, considerando como demostrado por mis experimentos explicados en este trabajo: 1) que la cantidad de calor producido por la fricción de cuerpos, sean sólidos o líquidos, es siempre proporcional a la cantidad de trabajo empleado y 2) que la cantidad de calor capaz de aumentar la temperatura de una libra de agua en 1°F (pesada en el vacío y tomado entre las temperaturas 55° y 60°F) requiere para su generación el empleo de trabajo mecánico representado por la caída de 772 libras a través de un pie.